U0277116

"211工程"三期重点学科建设项目

《西部大开发与区域发展理论创新》

国家开发银行资助项目

《西部大开发重大战略问题研究基金》

West 西部大开发研究丛书

中国二氧化碳减排的潜力与成本

基于分省数据的研究

The Reduction Potential and Abatement
Cost of Carbon Dioxide Emissions in China:
Provincial Panel Data Analysis

杜立民　著

ZHEJIANG UNIVERSITY PRESS
浙江大学出版社

图书在版编目（CIP）数据

中国二氧化碳减排的潜力与成本:基于分省数据的
研究 / 杜立民著. —杭州:浙江大学出版社,2015.8
ISBN 978-7-308-15078-1

Ⅰ.①中… Ⅱ.①杜… Ⅲ.①二氧化碳－减量化－排
气－研究－中国 Ⅳ.①X511

中国版本图书馆 CIP 数据核字（2015）第 205700 号

中国二氧化碳减排的潜力与成本:基于分省数据的研究

杜立民 著

责任编辑	樊晓燕	
责任校对	余梦洁	
封面设计	春天书装	
出版发行	浙江大学出版社	
	（杭州市天目山路 148 号　邮政编码 310007）	
	（网址:http://www.zjupress.com）	
排　　版	杭州中大图文设计有限公司	
印　　刷	杭州日报报业集团盛元印务有限公司	
开　　本	710mm×1000mm　1/16	
印　　张	12	
字　　数	197 千	
版 印 次	2015 年 8 月第 1 版　2015 年 8 月第 1 次印刷	
书　　号	ISBN 978-7-308-15078-1	
定　　价	36.00 元	

西部大开发研究丛书

总　序

　　2011年是"十二五"规划的开局之年,也是西部大开发新10年的起始之年。过去的10年是西部地区经济社会发展最快、城乡面貌变化最大、人民群众得到实惠最多的10年,也是西部地区对全国的发展贡献最突出的10年。西部地区经济年均增长速度达到11.9%,主要的宏观经济指标10年间都翻了一番以上。基础设施建设取得突破性进展。青藏铁路、西气东输、西电东送等标志性工程投入运营。生态建设规模空前,森林覆盖率从10年前的10.32%提高到现在的17.05%,提高了6.7个百分点。社会事业取得长足进步,"两基"攻坚计划目标如期完成,卫生、社会保障、就业等基本公共服务能力大大增强。人民生活水平得到明显提高,城乡居民的收入分别是10年前的2.7倍和2.3倍。改革开放深入推进,东、中、西部地区互动合作的广度和深度不断拓展,对内对外开放的新格局初步形成。广大干部群众开拓创新意识不断增强,精神风貌昂扬向上。

　　站在新的起点上,我们也清楚地看到,目前东西部发展的差距仍然较大。2009年,西部人均生产总值、城镇居民可支配收入、农村居民纯收入分别只有东部地区的45%、68%、53%,依然是我国区域协调发展中的"短板"。按照党中央、国务院的部署,深入实施西部大开发战略将放在区域发展总体战略的优先位置,给予特殊的政策支持,推动西部地区的经济综合实力上一个大台阶,人民群众的生活水平和质量上一个大台阶,生态环境保护上一个大台阶,基本建成全面小康社会。

　　浙江大学中国西部发展研究院(简称西部院)是在2006年10月由国家发展和改革委员会与浙江大学共建成立的,其目的是围绕西部大开发的全局性、综合性、战略性问题开展理论和应用研究,形成促进东西部地区互动合作、共同发展的重要科研交流和人才培训基地,为国家有关部门和地方政府制定发展规划和政策提出建议，为各类企业、社会团体和组织提供咨询服务。

西部院成立迄今，作为一个创新科研实体，本着"跳出西部思考西部，跳出西部发展西部"的新视角，一直以"服务西部经济社会发展"为己任，以建设"科学研究基地、科技服务基地、人才培养和培训基地、国际合作与交流基地"为目标而努力奋进。先后承担了大量国家战略层面的项目研究，并对西部大开发中的前瞻性问题进行了一系列的学术探索，成果斐然，如先后参加了《关中—天水经济区发展规划》、《"十二五"时期促进基本公共服务均等化规划思路研究》、《呼包银重点经济区发展规划》、《"十二五"完善基本公共服务体系规划》等国家重大规划编制的相关研究，开展了《西部大开发与区域发展理论创新》、《西部大开发重大理论问题研究》等重大课题的研究，形成了有价值的成果，这些研究成果既为西部大开发提供了理论基础，对实践活动也具有积极的指导作用，体现了西部院作为西部开发智库的重要作用，体现了一个学术机构的社会责任。

此次西部院编辑出版的这套《西部大开发研究丛书》，是西部院自2008年始，针对西部大开发中的热点和难点问题，组织国内专家学者开展深入研究形成的一批重要成果，内容涉及西部地区政策评估、东西部差异变动分析、产业发展、生态环境保护、能源资源开发和利用、基本公共服务均等化、人才开发、文化发展及财税体制等与西部经济社会发展密切相关的多个领域，具有较高的理论意义和现实价值。我相信，这套丛书的出版发行将有助于把西部大开发问题的研究引向深入。

2011 年 10 月

内容提要 本书从省际视角研究中国二氧化碳减排的绩效、潜力和成本问题。按照层次递进的关系,本书重点研究了以下四个方面的内容:第一,基于各省的能源平衡表,估计中国各省二氧化碳的排放量,并分析了各省二氧化碳排放的动态特征;第二,基于估算的各省二氧化碳排放量数据,在面板计量模型框架下考察各省二氧化碳排放的影响因素,并通过相关计量标准选出最优回归模型,然后通过情景模拟方法,预测中国在 2020 年的二氧化碳排放水平;第三,基于环境生产率和方向距离函数分析框架,考察了中国各省二氧化碳减排的绩效和减排潜力,并估计各省二氧化碳减排的边际成本,然后通过面板计量模型分析影响减排成本的主要因素;第四,在估计的二氧化碳减排成本基础上,通过计量模型拟合各省二氧化碳边际减排成本曲线,并通过样本内拟合标准和样本外预测标准选出最优的拟合曲线,然后在最优拟合曲线基础上,分析中国要在 2020 年达到二氧化碳排放强度比 2005 年降低 40%～45% 所必须承受的减排成本。本书的研究对低碳经济理论的发展有一定的贡献,对中国政府制定低碳经济政策具有积极的借鉴意义。

关键词 二氧化碳排放;环境效率;减排成本;省际差异

Abstract This book investigates the environmental efficiency, reduction potential and abatement cost of China's carbon dioxide emissions from the view of provincial differences. Specifically, the contents of the book focus on four highly correlated topics. The first topic is to estimate per capita and aggregate carbon dioxide emissions for each province of China, based on provincial energy balance sheets, and then investigate the dynamic characteristics of provincial carbon dioxide emissions, including emission structure and emission intensity, etc. The second topic is to investigate the driving forces of provincial carbon dioxide emissions based on the estimated emissions data. Both static and dynamic panel econometric models are used to run a series of regressions. In-sample fitness criteria and out-of-sample forecasting criteria are used to select an optimal econometric model. Then, the selected optimal model is used to forecast the carbon dioxide emissions of China up to the year 2020. The third topic is to estimate environmental efficiency, reduction potential and shadow price for each province of China when carbon dioxide emissions is taken into consideration. The analysis is based on the environmental production technology and directional output distance function. The panel data econometric models are then employed to analyze the impact factors of the abatement cost of provincial carbon dioxide emissions. The fourth topic is to fit the marginal abatement cost curve of China's carbon dioxide emissions based on the estimated discrete provincial shadow prices. Four functional forms are employed, i. e. quadratic, logarithmic, exponential and power functional forms. Again, in-sample fitness criteria and out-of-sample forecasting criteria are used to select an optimal econometric model. Then, the optimal model is used to forecast the cost that China has to bear if its carbon dioxide emissions intensity is reduced by $40\% \sim 45\%$ relative to the 2005 level by 2020. The research of this book adds to the literature of environmental economics and the results has important policy implications for the governments of China.

Key words   Carbon Dioxide Emissions; Environmental Efficiency; Abatement Cost; Provincial Differences

目　录

Contents

第 1 章

导　论

1.1　研究背景

全球变暖和温室气体减排已经成为国际社会关注的焦点问题之一。斯特恩报告(Stern, 2007)指出,人类活动是以二氧化碳为主的温室气体增加的主要原因,工业革命前,大气中的温室气体存量只有 280mg/L 左右的二氧化碳当量,而目前已增加到约 430mg/L 二氧化碳当量。这些温室气体的增加已经导致全球气温上升超过 0.5℃,而且在未来几十年,将进一步导致全球气温增加至少 0.5℃。

即使当前的温室气体增长速度不再增加,到 2050 年,温室气体存量也将增加到工业革命前的两倍,即 550mg/L 二氧化碳当量,全球气温的增长将有77% 的概率超过 2℃。如果人类不采取减排行动,气候变化导致的总成本将是巨大的,相当于每年全球 GDP 损失至少 5%。相反,如果人类采取减排行动,减排的成本可以被控制在相当于每年全球 GDP 损失 1% 左右(Stern, 2007)。

由于经济的快速增长和能源消费的持续增加,中国的温室气体排放也相应地大幅度增长。按照世界银行的数据,1979 年,中国的二氧化碳排放总量仅为 15 亿吨左右,而到 2010 年,已增加到近 83 亿吨,年均增长率达到5.67%[①]。中国已经成为全球最大的二氧化碳排放国家之一。

作为负责任的大国,中国政府对温室气体减排做出了巨大的努力,表现

[①]　相关数据取自世界银行网站(http://data.worldbank.org.cn/)。

出了充分的减排诚意。2009年,中国政府宣布了控制温室气体排放的目标,即到2020年二氧化碳排放强度(单位GDP的二氧化碳排放量)要比2005年减少40%～45%。在国民经济与社会发展"十二五"规划中,中国政府进一步提出,到2015年,二氧化碳排放强度要比2010年下降17%左右。

2014年11月12日,中美两国在北京发布《中美气候变化联合声明》,进一步提出了新的二氧化碳减排目标,其中,中国政府计划到2030年左右,二氧化碳排放达到峰值且将努力早日达峰,并计划到2030年将非化石能源占一次能源消费比重提高到20%左右。

面对艰巨的温室气体减排任务,搞清楚中国温室气体排放的基本情况,分析影响温室气体排放的主要因素,探讨控制温室气体排放的有效路径,估算温室气体减排的经济成本,是中国政府有效控制温室气体排放、实现低碳经济转型的前提和基础,也是本书研究的主要目标。

中国的地区经济发展不平衡,产业结构差异较大,地区间二氧化碳减排的效率、潜力、成本也必然存在很大的差异,因此,政府在制定温室气体减排政策时,绝不能"一刀切",而必须根据实际情况,实行差别化减排。为此,本书将基于省级二氧化碳排放的数据,从地区差异的视角出发,对中国二氧化碳减排问题展开研究。

1.2　研究方法

本书主要基于如下研究方法展开分析:

1.面板计量方法

本书的研究主要基于1997—2012年中国30个省(自治区、直辖市)的面板数据展开,在分析中国二氧化碳排放的主要驱动因素时,使用了静态和动态面板计量模型,并基于样本内拟合标准和样本外预测标准,进行了最优计量模型选择。

2.线性规划方法

本书在研究中国二氧化碳减排的效率和成本问题时,主要基于环境生产技术和方向产出距离函数方法展开,模型的求解主要采用了参数化的线性规划方法,其中方向产出距离函数被设定为二次函数形式。

3.情景模拟方法

本书在研究中国二氧化碳排放趋势以及二氧化碳减排成本变动问题时,采用了情景模拟的方法。情景模拟结果的合理性和可靠性与相关变量的设定有直接关系,为此,本书参考了大量政府规划及相关研究成果,以增加研究结果的可靠性。

1.3　研究框架

全书共分为 7 章,除第 1 章导论和最后一章结论与启示外,其余部分的结构安排如下:

第 2 章对相关的已有研究文献进行了综述。重点回顾了六个方面的研究文献,包括二氧化碳排放的影响因素、排放的趋势预测、环境效率估计、影子价格测算、边际减排成本曲线拟合、减排政策设计等。在文献综述的基础上,本书提出了自己的研究视角和研究方法。

第 3 章是分省二氧化碳排放量估计。本章基于各省的能源平衡表,详细估算了煤炭、焦炭、汽油、煤油、柴油、燃料油、天然气七种主要化石能源燃烧排放的二氧化碳,包括排放总量和人均排放量。本章的工作为全书的研究提供了数据基础。

第 4 章对中国二氧化碳排放的影响因素进行了考察。本章基于静态和动态面板计量模型,考察了经济发展水平、产业结构、能源消费结构、城市化水平等众多因素对二氧化碳排放的影响,检验了环境库茨涅茨曲线假说,并基于最优计量模型对二氧化碳排放的趋势进行了情景模拟。

第 5 章对二氧化碳排放效率、减排潜力及减排的成本进行了估计。本章主要基于环境生产技术和方向产出距离函数方法展开研究,采用了参数化的线性规划方法对模型进行求解。本章估算的影子价格是下一章研究的基础。

第 6 章对二氧化碳减排的成本曲线进行了研究。本章主要拟合了四种边际减排成本曲线,即二次型曲线、指数型曲线、幂次型曲线、对数型曲线,并通过样本内拟合标准和样本外预测标准进行了最优的函数形式选择。基于估算的减排成本曲线,本章模拟了中国二氧化碳排放强度降低 40%～45% 所需付出的成本情况。

第 2 章

文献综述^①

2.1 引　言

随着全球变暖问题的不断加剧,有关二氧化碳等温室气体减排的研究不断涌现。相关研究不仅涵盖了广泛的研究主题,而且应用了多种不同的研究方法。

面对温室气体的全球减排问题,人们首先会问的一个问题是,是什么因素导致了二氧化碳的持续增长? 针对这一问题,大量已有研究试图进行回答。这些研究主要基于两种方法,即指数分解方法和计量回归方法。相关结论总体上比较一致,认为经济规模、产业结构、能源效率、城市化水平等是影响二氧化碳排放的主要因素。

人们可能关心的第二个问题是,未来二氧化碳排放的趋势如何? 针对这一问题,大量研究模拟和预测了中长期全球及中国的二氧化碳排放量,主要用到的方法是系统优化模型和计量回归模型。有关中国二氧化碳排放量的预测结果并不一致,但是总体趋势仍然是明确的,即在 2020 年以前,中国的二氧化碳排放总量和人均二氧化碳排放量仍将持续增长。

对于中国而言,随着经济的进一步增长,二氧化碳排放量将持续增加,但是这并不意味着中国在碳减排方面没有进步,相反,中国政府做出了巨大的减排努力,这就涉及如何衡量二氧化碳排放绩效的问题。已有文献从单

要素生产率和全要素生产率两个角度对此进行了研究,总体结论是,中国的二氧化碳排放绩效已经有了大幅度提高。

二氧化碳减排必然是要付出成本的,对于中国这样的发展中国家而言,人们关心的问题是,减排的成本有多大? 针对这一问题,已有文献主要采用两种方法进行了估计和模拟:第一种是基于系统优化模型的模拟,第二种是基于多投入多产出的影子价格估计。相关研究结果没有统一的成本估计值,但是基本趋势是一致的,即中国二氧化碳减排的边际成本将越来越高。

面对不同的二氧化碳减排政策,人们可能会关注这些政策会造成什么后果,这就需要估计二氧化碳边际减排成本曲线。基于二氧化碳边际减排成本曲线,不仅可以模拟不同减排目标下的成本支出,而且可以模拟碳税、碳交易等减排政策的后果。从已有文献看,估计边际减排成本曲线主要有三种方法,即基于技术的方法、基于系统模型的方法和基于生产的方法。

最后,面对全球二氧化碳减排问题,人们会关注减排责任分配的公平性问题,也会关注哪些碳减排政策是有效的。针对这些问题,已有文献大量探讨了国际碳排放转移和责任分担问题,也分析了碳关税、碳税、碳排放权交易等减排机制的有效性问题,取得了一系列优秀的成果。

本章内容安排如下:2.2 节综述了有关二氧化碳排放的影响因素的文献;2.3 节综述了有关二氧化碳排放趋势预测的文献;2.4 节综述了有关二氧化碳排放绩效估计的文献;2.5 节综述了有关二氧化碳减排边际成本估计的文献;2.6 节综述了有关二氧化碳减排边际成本曲线估计的文献;最后一节对有关二氧化碳减排政策设计的文献进行了综述。

2.2 二氧化碳排放的影响因素

大量文献考察了二氧化碳排放的影响因素(也称为驱动因素),既有国家和地区层面的研究,也有产业和企业层面的研究。按照研究方法的不同,大致可以将相关研究划分为两类。

第一类文献是基于指数分解方法(index decomposition analysis)的研究。指数分解方法一般可以分为两步:第一步是对二氧化碳排放量进行分解;第二步是基于某种指数对分解公式进行指数化,并考察各分解因素的动态变动特征。[1]

在最简单的情况下,二氧化碳排放量可以被分解成能源强度、人口规模、人均 GDP 和能源消费的二氧化碳排放强度等几项,这一分解公式又被称为 Kaya 恒等式(Kaya identity),如公式(2.1)所示(Kaya,1989):

$$CO_2 = \frac{CO_2}{E} \times \frac{E}{GDP} \times \frac{GDP}{POP} \times POP \qquad (2.1)$$

式中:CO_2 是二氧化碳排放量;E 是能源消费量;GDP 是生产总值;POP 是人口规模。当然,二氧化碳排放量的分解形式多种多样,具体如何分解,往往根据研究的需要而定。

同样,在第二步中,可以采用不同的指数类型。在以往文献中被广泛应用的指数类型主要包括拉氏指数(Laspeyres index)、数学平均迪氏指数(arithmetic mean Divisia index)、对数平均迪氏指数(logarithmic mean Divisia index)、帕舍指数(Paasche index)、费雪理想指数(Fisher ideal index),等等[2]。

Ang 和 Pandiyan(1997)考察了中国大陆、中国台湾地区和韩国的制造业二氧化碳排放强度的影响因素。他们将二氧化碳强度分解为燃料消费结构、燃料的二氧化碳排放因子、制造业生产结构、部门的能源消费强度等四大因素,并基于迪氏指数方法考察了各因素的动态变动趋势。他们的结果显示,对于上述三大经济体而言,能源消费强度的变化是二氧化碳排放强度变动的最主要影响因素。[3]

Zhang(2000)分析了 1980—1997 年中国二氧化碳排放的影响因素。他将二氧化碳排放量分解为燃料消费结构、经济增长、人口规模、燃料的二氧化碳排放强度等因素。研究结论显示,中国已经对世界二氧化碳减排做出

---

[1]　Ang 和 Zhang(2000)对指数分解方法在能源和环境方面的研究进行了全面综述。

[2]　Metcalf(2008)应用费雪理想指数对美国的能源强度进行了指数分解分析。虽然这一方法未被应用于二氧化碳排放分析,但是仍然是指数分解分析中的重要分支之一,而且很容易被应用于二氧化碳排放的研究。

[3]　由于本书主要研究中国大陆各省份的二氧化碳减排问题,因此,将主要综述涉及中国大陆二氧化碳排放的指数分解文献,而对于针对其他国家和地区的相关研究则不再一一赘述。同时需要指出的是,指数分解方法具有广泛的应用,不仅被应用于二氧化碳排放领域,也被应用于二氧化硫、氮氧化物等其他污染物研究领域,而且在能源消费领域也被广泛应用。感兴趣的读者可以参考以下学者发表的文献:Alcántara 和 Roca(1995),Ang 和 Zhang(1999),Choi(1997),Han 和 Chatterjee(1997),Lakshmanan 和 Han(1997),Raggi 和 Barbiroli(1992),Lin 和 Chang(1996),Scholl、Schipper 和 Kiang(1996),Shrestha 和 Timilsina(1996),Shrestha 和 Timilsina(1997),Shrestha 和 Timilsina(1998),Sun(1999),Sun 和 Malaska(1998),Viguier(1999),Diakoulaki 和 Mandaraka(2007),Ma 和 Stern(2008),Zhao、Ma 和 Hong(2010),张炎治和聂锐(2008)等。

了巨大贡献,绝不是一个"免费搭车者"。国际社会不能一味指责中国,而应该切实在行动上帮助中国减排。

基于迪氏指数,Wang、Chen 和 Zou(2005)分析了中国 1957—2000 年二氧化碳排放量的影响因素。他们将二氧化碳排放量分解为燃料的二氧化碳排放因子、燃料结构、能源强度、人均 GDP 和人口规模等因素。结果显示,由于能源强度的大幅度下降以及能源消费结构的改善,中国已为世界二氧化碳减排做出了巨大贡献。

Wu、Kaneko 和 Matsuoka(2005)发现,1996—1999 年,中国的二氧化碳排放量突然下降了。为了分析其中的原因,他们将二氧化碳排放量分解为能源消费的碳强度、能源消费结构、能源强度、产业结构、劳动生产率、劳动力规模等因素,并基于对数平均迪氏指数考察了各因素的动态变动趋势。研究结果发现,能源强度和劳动生产率的下降是 1996 年中国二氧化碳排放量下降的主要原因。

Fan、Liu、Wu 等(2007)基于指数分解方法,考察了 1980—2003 年中国二氧化碳排放强度的影响因素。他们发现,中国二氧化碳排放强度下降的最主要的因素是能源强度的下降,但是,如果国家政策仅关注能源强度,是不足以使碳强度继续下降的。他们还发现,能源消费结构的变动也是降低碳强度的主要因素之一。他们指出,第二产业值得特别的关注,需要中央和地方政府的政策支持。

基于对数平均迪氏指数,Liu、Fan、Wu 等(2007)进一步考察了 1998—2005 年中国 36 个产业二氧化碳排放的驱动因素。根据 Ang(2005)的方法,他们将二氧化碳排放量分解为产业规模、产业结构、能源强度、能源消费结构、能源消费的碳强度等因素。研究结果显示,1998—2005 年,中国二氧化碳排放量变动的主要驱动因素是能源强度和产业规模,而产业结构和能源消费结构的影响相对较小。

基于 IPAT 模型,Feng、Hubacek 和 Guan(2009)考察了中国 1949—2002 年二氧化碳排放的驱动因素。在模型中,他们将二氧化碳排放量分为三大因素,即人口规模、人均支出、每单位支出的二氧化碳排放量。研究结果显示,收入水平的提高和生活方式的改变是中国二氧化碳排放量变动的主要因素,而且五大地区的变动趋势非常相似。技术进步降低了二氧化碳排放,但是无法完全弥补由于收入水平提高和人口规模的膨胀导致的二氧化碳排放量的增加。

Zhang、Mu 和 Ning（2009）发现，1991—2000 年期间，中国的二氧化碳排放强度显著下降，但是此后却呈现出上升的趋势。为此，他们基于 Sun（1998）的方法，考察了 1991—2006 年中国二氧化碳排放的影响因素。研究结果显示，能源强度下降是二氧化碳强度下降的最主要原因，而经济规模的增大是二氧化碳强度上升的主要原因，经济结构和二氧化碳排放系数的影响则非常小。Zhang、Mu、Ning 等（2009）应用类似的方法和数据，进一步确认了上述研究结论。

基于 1991—2004 年的数据，Zha、Zhou 和 Zhou（2010）考察了中国城市和农村居民二氧化碳排放之间的差异，并分析了相关影响因素。他们的研究发现，能源强度和收入效应分别是导致居民二氧化碳排放下降和上升的主要驱动因素。在城市地区，人口的增长导致居民二氧化碳排放量呈现上升趋势，而在农村地区，人口效应反而使居民二氧化碳排放量下降了。

基于对数平均迪氏方法，徐国泉、刘则渊和姜照华（2006）建立了中国人均二氧化碳排放的分解模型，并将之应用于 1995—2004 年数据，分析了能源结构、能源效率、经济发展水平等因素对中国人均二氧化碳排放的影响。研究发现，经济发展对中国人均二氧化碳排放的贡献持续上升，而能源效率和能源结构对抑制中国人均二氧化碳排放的贡献率都呈现倒 U 形关系。他们认为，这说明能源效率对抑制中国碳排放的作用在减弱，以煤为主的能源结构未发生根本性变化，能源效率和能源结构的抑制作用难以抵消由经济发展拉动的中国二氧化碳排放量的增加。

基于修改后的 Kaya 恒等式，冯相昭和邹骥（2008）考察了 1971—2005 年期间中国的二氧化碳排放驱动因素。研究结果显示，经济的快速发展和人口的增长是中国二氧化碳排放增加的主要驱动因素，能源效率的提高以及能源结构的改善则在很大程度上抑制了二氧化碳排放的过快增加。

胡初枝、黄贤金、钟太洋等（2008）分析了 1990—2005 年中国二氧化碳排放的影响因素。研究结果显示，中国二氧化碳排放变化均值为 19.55%，其中，规模效应、产业结构和二氧化碳强度引起的变化效应分别是 15.76%、−0.86% 和 4.65%。经济增长和二氧化碳排放之间呈现 N 形关系，经济规模对二氧化碳排放变动具有增量效应，是推动二氧化碳增加的主要因素。由于不同产业之间二氧化碳排放的差异性越来越大，产业结构调整对二氧化碳排放具有一定的减量效应，但抑制作用并不明显；技术效应波动性较大，总体上具有正的效应，现行技术对降低二氧化碳排放未发挥抑制作用。

宋德勇和卢忠宝（2009）基于中国 1990—2005 年时间序列数据，采用两阶段对数平均迪氏指数方法，先将能源消费产生的二氧化碳排放量分解为产出规模、能源结构、排放强度和能源强度四个因素，再引入产出结构效应对能源强度进一步进行分解。他们的研究发现，经济增长方式的差异是中国二氧化碳排放波动的主要原因，2000—2004 年期间，"高投入、高排放、低效率"的增长方式直接导致了二氧化碳排放的显著增加。

基于对数平均迪氏指数方法，王锋、吴丽华和杨超（2010）对 1995—2007 年期间中国能源消费排放的二氧化碳影响因素进行了分析。他们把二氧化碳增长率分解为人口总量、经济结构、家庭收入等 11 种驱动因素的加权贡献。研究结果显示，1995—2007 年间，中国二氧化碳排放的主要正向驱动因素是人均 GDP、交通工具数量、人口总量、经济结构、家庭平均年收入，负向驱动因素为生产部门能源强度、交通工具平均运输线路长度、居民生活能源强度。人均 GDP 的增长是二氧化碳排放量增长的最大驱动因素，中国二氧化碳排放与经济发展和居民生活水平提高密切相关。

林伯强和刘希颖（2010）则针对中国当前阶段经济增长和能源消费特征，对 Kaya 恒等式做出了适当修正，将城市化因素引入分析，考察了现阶段二氧化碳排放的影响因素。

基于指数分解方法，涂正革（2012）分析了中国八大行业的二氧化碳排放影响因素。他们将二氧化碳排放分解成能源的碳排放强度、能源强度、产业结构和经济规模四大因素。研究结果显示，经济规模的扩大、经济结构的重型化会导致二氧化碳排放量的增加，而技术进步推动的能源强度下降是减少二氧化碳排放的核心动力，但是以煤炭为主的能源结构变化对二氧化碳减排的效应并不显著。作者认为，推动产业结构调整、能源结构优化，促进节能技术与工艺创新、走新型工业化道路，是实现中国低碳发展的必经之路。

指数分解方法简单易懂，基本可以将主要的二氧化碳排放因素纳入分析，因此被广泛采用。然而，指数分解方法在分解过程中并不能将任何因素都纳入分析，因此，在因素的分析范围和灵活性上具有一定的局限性。

第二类是基于计量回归方法的研究。相对指数分解方法，计量分析在模型设定方面更加灵活，从而可以将更多的影响因素考虑在内。从使用的数据类型和回归方法来看，以往研究主要采用了时间序列数据分析和面板数据分析，鲜有采用横截面数据分析的。

Auffhammer 和 Carson（2008）基于中国 30 个省 1985—2004 年的省级面板数据，在动态面板数据模型框架下，考察了中国的二氧化碳排放影响因素。他们发现，人均二氧化碳排放量和人均收入之间存在倒 U 形关系，符合环境库兹涅茨曲线（Environmental Kuznets Curve，EKC）假说[①]。也就是说，初始阶段，随着经济的发展，人均二氧化碳排放量会不断增加，但是超过某一临界点后，经济的进一步发展会导致人均二氧化碳排放量的不断下降。[②] 同时，他们发现，资本调整速度、重工业比重、人均汽车拥有量、人口密度都对人均二氧化碳排放有正的影响，而技术进步对人均二氧化碳排放则有负的影响。值得指出的是，Auffhammer 和 Carson（2008）所采用的各省二氧化碳排放数据并非是根据能源消费量估算的二氧化碳排放量数据，而是根据各省的废气排放量折算而来的数据，因此，其可靠性值得怀疑。

基于 1953—2006 年国家层面的加总时间序列数据，Ang（2009）考察了中国二氧化碳排放的影响因素。他们的研究结果显示，中国的二氧化碳排放量和科研强度、技术转移及新技术的吸收能力具有显著的负相关关系。研究结果同时表明，更多的能源消费、更高的人均收入、更大的贸易开放度会导致更多的二氧化碳排放。

基于中国 1978—2007 年的国家水平时间序列数据，林伯强和蒋竺均

---

① 环境库兹涅茨曲线假说最早由 Grossman 和 Krueger（1991）提出。他们的跨国研究发现，环境质量（以二氧化硫和烟气这两种污染物的浓度来衡量）和经济发展水平之间存在非线性关系，也就是说，在一个国家的收入水平仍处于较低水平时，环境质量随人均 GDP 的增加而下降，但是，当一个国家的收入水平处于较高水平时，环境质量随人均 GDP 的增加而不断提高。环境质量和经济发展水平之间呈现倒 U 形的曲线关系。此后，大量文献试图构建理论模型来证明这一假说成立的内在机理。相关研究包括 Lopez（1994）、John 和 Pecchenino（1994）、Selden 和 Song（1995）、Lopez 和 Mitra（2000）、Andreoni 和 Levinson（2001）、Jones 和 Manuelli（2001）、Hartman 和 Kwon（2005）、Brock 和 Taylor（2005）等。此外，也有大量的文献试图从经验研究的角度来检验这一假说是否成立，主要集中在二氧化硫、氮氧化物、废气、废水等常规污染物及温室气体，相关研究包括：Shafik 和 Bandyopadhyay（1992）、Shafik（1994）、Grossman 和 Krueger（1995）、Cole、Rayner 和 Bates（1997）、Dasgupta、Laplante、Wang 等（2002）、Hilton 和 Levinson（1998）、Stern 和 Common（2001）、Harbaugh、Levinson 和 Wilson（2002）、陈华文和刘康兵（2004）、包群和彭水军（2006）、蔡昉、都阳和王美艳（2008）、刘笑萍、张永正和长青（2009）、张红凤、周峰、杨慧等（2009）、宋马林和王舒鸿（2011）、王敏和黄滢（2015）等。更多关于环境库兹涅茨曲线假说的研究，可参见 Dinda（2004）和 Stern（2004）的综述。

② 国际上有关二氧化碳排放量与经济发展水平之间的这种倒 U 形曲线关系是否成立，仍然是有争议的。Holtz-Eakin 和 Selden（1995）、Agras 和 Chapman（1999）、Panayotou、Sachs 和 Peterson（1999）、Martínez-Zarzoso 和 Bengochea-Morancho（2004）及 Galeotti、Lanza 和 Pauli（2006）都发现，人均二氧化碳排放量和经济发展水平之间确实存在倒 U 形的关系，但是，Wagner（2008）则指出，在面板数据中，如果将个体之间的相互依赖性考虑在内，这种倒 U 形曲线关系并不存在。Friedl 和 Getzner（2003）发现人均二氧化碳排放量和经济发展水平之间存在 N 形关系，而 Moomaw 和 Unruh（1997）以及 Lantz 和 Feng（2006）则指出，两者之间既不存在倒 U 形关系，也不存在 N 形关系。

(2009)考察了人均收入水平和人均二氧化碳排放量之间的非线性关系。他们的研究显示,在二氧化碳减排的情景下,环境库兹涅茨曲线假设并不成立,即使到 2040 年,中国的二氧化碳排放也很难出现拐点,即从增加转为减少。他们同时发现,能源强度、产业结构、能源消费结构对中国的二氧化碳排放都有显著影响,其中,工业能源强度的影响最为显著。

魏巍贤和杨芳 (2010)运用 1997—2007 年中国各省面板数据,对二氧化碳排放的影响因素进行了实证分析,他们的研究结论显示,总体而言,中国的二氧化碳排放量上升与经济总量的扩大、工业化水平的提高以及贸易自由化进程的加快等因素正相关;自主研发和技术引进对中国的二氧化碳减排具有显著的促进作用,但是自主研发对引进技术的吸收能力较低,在促进生产率提高和节能减排方面,与技术引进形成优势互补的能力尚待提高;而且技术进步对中国二氧化碳排放的影响表现出明显的地区差异。

李国志和李宗植 (2010)考察了人口、经济和技术等因素对中国二氧化碳排放的影响,发现经济的快速增长是中国二氧化碳增加最重要的驱动因素,而且各地区之间存在显著的差异。二氧化碳排放量和经济增长之间存在显著的倒 U 形关系,但是要达到曲线的拐点需要经历非常漫长的时间。

许广月 (2010)实证研究了中国人均二氧化碳排放量的地区收敛性。结果显示,东部、中部和西部地区存在俱乐部收敛和 β 条件收敛,第二产业比重和煤炭消费比重的下降有助于人均二氧化碳排放的收敛,而人均收入水平、清洁技术水平和政府宏观环境规制对人均二氧化碳排放收敛的影响因各区域而有别。许广月和宋德勇 (2010)进一步发现,东部地区、中部地区及全国存在人均二氧化碳排放和经济发展水平之间的倒 U 形曲线关系,但是西部地区不存在该曲线。

李小平和卢现祥 (2010)运用中国 20 个工业行业与 G7、OECD 等发达国家的贸易数据,实证检验了国际贸易等因素对中国工业二氧化碳排放的影响。研究结果显示,发达国家向中国转移的产业并不仅仅是污染产业,同时也向中国转移了干净产业;国际贸易能够减少工业行业的二氧化碳排放总量和单位产出的二氧化碳排放量,因此,中国并没有因为国际贸易而沦为发达国家的"污染产业天堂"。

基于 1997—2008 年中国 30 个省的二氧化碳排放量数据,李锴和齐绍洲 (2011)在动态面板数据框架下,全面客观地考察了贸易开放与二氧化碳排放之间的关系。他们的研究结果显示,在加入了人均收入和其他控制变量后，贸易开放增加了中国各省区的二氧化碳排放总量和二氧化碳排放强度，国际贸易对中国的环境影响是负面的，向底线赛跑效应大于贸易的环境收益效应。他们指出，中国当前面临的环境贸易形势具有一定的客观原因，从长远来看，政府应该加强环境规制。

2.3 二氧化碳排放的趋势预测

二氧化碳排放量的预测是低碳经济研究领域的重要内容之一，这不仅是因为二氧化碳排放量的多少直接威胁着全球生态环境状况，而且这也是世界各国进行国际谈判的重要前提之一。对于一个国家而言，必须科学合理地评估本国二氧化碳排放的未来趋势及减排潜力，才有可能做出实际可行的国际二氧化碳减排承诺。

有关二氧化碳排放趋势预测的文献，根据预测方法的不同，大致可以分为两大类：第一类是系统优化模型；第二类是计量回归模型。

系统优化模型是二氧化碳排放量预测最主要的分析工具，不仅相关文献数量众多，而且所用的模型也种类繁多。系统优化模型的主要思想是通过线性或非线性数学规划，模拟能源市场、碳交易市场、产品市场等一系列市场的动态变化。一旦系统模型建成，研究人员能够通过情景模拟考察能源需求和二氧化碳排放情况，预测二氧化碳排放的未来趋势。

系统优化模型种类繁多，按照分析层面的不同，既有侧重宏观经济层面的"自上而下"的模型，也有侧重具体部门技术细节分析的"自下而上"的模型，当然还有两者结合的混合模型。按照分析对象的多少，既有只关注能源市场的能源模型，也有综合分析经济、能源、气候、生态等众多因素和市场的综合评价模型。[1]

目前，国际上有关二氧化碳排放的系统优化模型，主要有以下几种：

(1)AIM 模型(Asian-Pacific Integrated Model)

该模型以日本国立研究中心为核心开发，包含 AIM/emission、AIM/climate、AIM/impact 等多个模块，是一个研究温室气体排放和社会经济影

---

[1] Mundaca、Neij、Worrell 等(2010)对部分"自下而上"的能源—经济模型进行了述评。他们将相关模型分为四类：(1)模拟模型；(2)优化模型；(3)会计核算模型；(4)混合模型。

响问题的综合性评价模型。相关文献可参考 Matsuoka、Kainuma 和 Morita（1995），Kainuma、Matsuoka、Morita 等（1999），Kainuma、Matsuoka 和 Morita（2003），Kainuma、Matsuoka、Morita 等（2004），等等。

（2）LEAP 模型（Long-range Energy Alternatives Planning Model）

该模型由瑞典斯德哥尔摩环境研究所（Stockholm Environment Institute）开发，是静态能源—经济—环境模型，可用于预测各部门的能源需求、能源消费及环境影响（张建民和殷继焕，1999）。相关研究可参见 Huang、Bor 和 Peng（2011），Kumar、Bhattacharya 和 Pham（2003），Nakata 和 Lamont（2001），Safaai、Noor、Hashim 等（2011），等等。

（3）MARKAL 模型（Market Allocation Model）

该模型由国际能源署（International Energy Agency，IEA）开发，是一个采用多目标线性规划理论和混合整数规划方法计算的能源系统模型，可用于国家层面和区域层次的能源系统规划、能源供求预测等，已被全球 30 余个国家近 80 个研究机构采用（魏一鸣、吴刚、刘兰翠等，2005）。相关研究和应用可参见 Fishbone 和 Abilock（1981），Gielen（1995），Loulou 和 Lavigne（1996），Sato、Tatematsu 和 Hasegawa（1998），Seebregts、Goldstein 和 Smekens（2002），等等。TIMES 模型（The Integrated Markal-Efom System）则是 MARKAL 模型的进一步发展，相关介绍可参见 Vaillancourt、Labriet、Loulou 等（2008），Loulou 和 Labriet（2008），Loulou（2008），等等。

除以上模型外，各国学者开发了众多其他系统模型，例如 RICE 模型（Regional Integrated Model of Climate and Economy）、POLES 模型（Prospective Outlook for the Long-term Energy System）、BUENAS 模型（Bottom-up Energy Analysis System）、GREEN 模型（General Equilibrium Environmental Model）、PRIMES 模型（Price Inducing Model of the Energy system model）、GTAP-E 模型（Global Trade Analysis Project-Extended）等，在此不再一一赘述。相关文献可参考 Nordhaus 和 Yang（1996），Russ 和 Criqui（2007），McNeil、Letschert、de la Rue du Can 等（2013），Burniaux、Nicoletti 和 Oliveira-Martins（1992），Lee、Martins 和 Van der Mensbrugghe（1994），Burniaux 和 Truong（2002），Nijkamp、Wang 和 Kremers（2005），Capros、Mantzos、Vouyoukas 等（1999），等等。

大量有关中国二氧化碳排放趋势预测的研究都是基于系统模型。美国能源部能源信息署（Energy Information Administration，EIA）开发了"世界能源项目系统(world energy projection system)"模型,并根据该系统模型的分析,每年发布"国际能源展望(international energy outlook)"。国际能源署(IEA)开发了"世界能源模型(world energy model)",并根据该模型的分析,每年发布"世界能源展望(world energy outlook)"。在他们的报告中,都有关于中国二氧化碳排放的预测内容。更多关于这两个系统优化模型的介绍,可以参见 Hutzler 和 Anderson (1997)、IEA (2007)。

中国国家发展和改革委员会下属的能源研究所开发了自己的系统优化模型,即中国综合政策评估模型(Integrated Policy Assessment Model for China,IPAC),并基于此模型发布了一系列分析中国能源需求和二氧化碳排放的研究成果。相关研究可参见 Jiang、Masui、Morita 等(1999),Jiang 和 Hu(2006),国家发展和改革委员会能源研究所课题组(2009)等。

陈文颖和吴宗鑫(2001)应用 MARKAL 模型,对 1995—2050 年期间中国终端能源消费及构成、一次能源消费及构成、二氧化碳排放量等问题进行了研究,着重分析了终端能源消费中石油、天然气、电力比重的增加,先进高效的火电机组及新能源、可再生能源和核能的应用对二氧化碳减排的作用。他们认为,中国的二氧化碳排放总量直到 2050 年都将不断增加,但是二氧化碳排放强度将不断降低,而且人均二氧化碳排放量仍将保持在较低水平。

Gielen 和 Chen (2001)进一步基于 MARKAL 模型,分析了上海市 2000—2020 年二氧化碳排放量趋势问题。他们发现,上海市能源效率的提高和天然气使用的增加,大大降低了二氧化碳排放量。二氧化硫、氮氧化物等本地污染物的控制可以同时减少二氧化碳的排放量。

陈文颖、高鹏飞和何建坤 (2004)构建了一个他们自己的系统模型,即 MARKAL-MACRO 模型,分析了中国能源需求和二氧化碳排放问题。他们发现,实施二氧化碳减排将导致化石能源影子价格的上升,各种能源服务需求的下降,还将引起能源消费结构的变化。最终能源消费量将由于燃料结构的优化和能源服务需求的减少而下降,一次能源在高减排率下,煤炭的比重将大大降低,而低碳和无碳能源(特别是核能)的比重将大幅度上升。他们认为,中国未来的二氧化碳减排空间是有限的。

Cai、Wang、Wang 等(2007)试图基于 LEAP 模型,分析中国电力行业的二氧化碳排放潜力。为此,他们设计了三种不同的情景,即当前政策情景、新政策情景和基准情况,并据此模拟了 2030 年中国的二氧化碳排放量。分析结论显示,中国电力行业的能源消费量和二氧化碳排放量在三种情景下都将大幅度上升,2030 年将是 2000 年的三倍甚至四倍,但是,通过结构调整、采用新技术等措施,可以在一定程度上减缓上升的进程。需求侧管理、循环流化床、超超临界发电机组等措施,对电力行业二氧化碳减排具有显著的作用。

Wang、Wang、Lu 等(2007)在相同的 LEAP 模型分析框架下进一步分析了中国钢铁行业的二氧化碳减排潜力。他们的分析显示,中国的钢铁行业存在巨大的二氧化碳减排潜力。产业结构的调整和技术进步是二氧化碳减排的有效路径。如果当前的可持续发展政策能够成功实施,则二氧化碳减排的成本会比较低,但是如果想要实现更高水平的二氧化碳减排,则减排成本会大幅上升。他们认为,节能技术的进步,例如,干法熄焦技术、废气和热回收设备,将是未来二氧化碳减排的关键。

Cai、Wang、Chen 等(2008)则进一步在相同的 LEAP 模型框架下,分析了中国五个能源密集型行业(包括电力、水泥、钢铁、纸浆和造纸、交通)的二氧化碳排放潜力问题。他们都发现,中国的能源需求和二氧化碳排放将持续增加到下一个 10 年,但减排的潜力很大。在当前可持续发展政策下,平均每年可以减少 2.01 亿～4.86 亿吨二氧化碳,而且减排的成本也是可以接受的。

He、Huo、Zhang 等(2005)构建了一个"自下而上"的模型,估计了1997—2002 年中国交通运输部门的石油消费量和二氧化碳排放量,并据此预测了 2030 年中国的石油消费量和二氧化碳排放量。为此,他们根据车用燃油的效率不同,设计了三种情景。模拟结果显示,在未来 20 年间,交通运输部门将成为中国最大的石油消费部门,但是仍然有巨大的节能空间。

Wang、Cai、Lu 等(2007)基于类似的模型方法,分析了不同的环境政策对中国交通运输行业的石油消费和二氧化碳排放的影响,并模拟了在不同发展战略下二氧化碳排放的变动趋势。他们着重分析了燃料效率提高、技术进步、燃料结构变化、快速公交系统对二氧化碳排放的影响。他们的研究显示,中国的交通运输部门存在巨大的二氧化碳减排潜力,发动机引擎技术的进步是最有效的减排方法。

Liang、Fan 和 Wei(2007)构建了 CErCmA 模型,考察中国能源需求和二氧化碳排放情况。他们的情景模拟发现,在未来 20 年间,中国的能源需求和二氧化碳排放将呈现指数级增长,即使能源使用效率得到大幅度提高,也将很难维持其较低的人均二氧化碳排放量。他们指出,未来要想进一步提高中国的能源效率，应该重点关注制造业和交通运输业这两个部门。

刘宇、陈诗一和蔡松锋（2013）基于 GTAP-Dyn-E 模型，预测了 2010—2050 年全球八大经济体的二氧化碳排放量。他们的研究发现，未来几十年八大经济体的二氧化碳排放增速都会逐渐减慢，发展中国家的增速明显高于发达国家，因此，发展中国家将是未来全球二氧化碳减排的关键。具体到中国，他们的预测显示，到 2020 年，中国的二氧化碳排放量将达到 98 亿吨，到 2050 年则将进一步上升到 145 亿吨。

计量回归方法也可以被用于二氧化碳排放趋势预测，但是相关文献相对较少。Auffhammer 和 Carson（2008）基于中国 1985—2004 年分省二氧化碳排放数据，在动态面板回归模型框架下，预测了中国二氧化碳的排放趋势。按照他们的预测，到 2010 年，中国的二氧化碳排放总量将达到 90 亿吨。相对实际排放量，这一预测显然是偏高的。这可能是因为，他们所使用的分省二氧化碳排放量数据是通过各省的废气排放量折算而来的。

林伯强和蒋竺均（2009）基于时间序列计量方法，预测了中国的二氧化碳排放总量和人均排放量情况。他们的预测显示，即使政府有计划地减少煤炭消费并增加水电、风电、核电等清洁能源的比例，到 2020 年，中国的二氧化碳排放总量仍将达到 110 亿吨左右，人均二氧化碳排放量也将达到 7.6 吨左右。

系统优化模型的好处是可以考虑众多因素及其相互关系，但是由于系统优化模型往往比较庞大，结构也比较复杂，对于大多数读者来说，基本上是一个黑箱，无法了解这些细节，更加无法重复和验证相关的研究结果。计量模型相对比较简单透明，研究者也易于重复和验证相关的研究结果，但是，计量回归分析只能基于已有的历史数据，因此，相关系数是否适合预测未来情况有待具体分析。值得注意的是，虽然系统优化模型是基于数学方程系统的，但这些方程中的系数通常是基于历史数据和计量方法进行估计的，因此，对计量回归方法的批评也适用于系统优化模型。

2.4 二氧化碳排放的环境效率

如何将二氧化碳排放量纳入生产效率的分析是一个重要的研究主题。最简单的衡量二氧化碳排放效率的指标是二氧化碳排放强度，即单位产出所排放的二氧化碳的数量,一般用单位 GDP 的二氧化碳排放量来表示。该指标的数值越低,则表示生产的环境效率越高。大量已有研究在分析中使用了二氧化碳排放强度指标,包括:Roberts 和 Grimes(1997),Greening、Davis 和 Schipper(1998),Ang(1999),Nag 和 Parikh(2000),Greening(2004),Li、Wang、Shen 等(2012),Budzianowski(2012),等等。

有关中国二氧化碳排放强度指标的研究也比较丰富。Fan、Liu、Wu 等(2007)研究了中国二氧化碳排放强度不断下降的驱动因素,Zhang(2011)探讨了中国政府 40%～45% 的二氧化碳排放强度减排承诺的可行性,并分析了减排的难易程度。岳超、胡雪洋、贺灿飞等(2010)分析了中国省际二氧化碳排放强度的地区差异及影响因素。王锋和冯根福(2011)基于协整技术和马尔可夫链模型,探讨了能源结构优化对实现中国二氧化碳排放强度减排目标的贡献潜力。王锋和冯根福(2012)测算了二氧化碳排放强度对行业发展、能源效率及中间投入系数的弹性。而王锋、冯根福和吴丽华(2013)则进一步考察了各省区对全国二氧化碳排放强度下降的贡献。

林伯强和孙传旺(2011)指出,2020 年单位 GDP 二氧化碳排放量相对2005 年下降 40%～45% 的目标是可以实现的,其主要途径是提高能源使用效率。张友国(2013)发现,经济发展方式的转变是中国二氧化碳排放强度下降的主要原因。张友国和郑玉歆(2014)比较了二氧化碳排放强度约束和总量限制的绩效,发现中国的碳强度约束是一个合适且有诚意的温室气体减排目标,他们指出,国际气候变化协议应当允许发展中国家采用可调节的碳强度减排目标。

二氧化碳排放强度指标简单且易于操作,有其自身的优点,但是该指标仅考虑了二氧化碳排放量和产出的关系,而忽略了资本、劳动等投入因素,因此是一种单要素指标。显然,二氧化碳排放绩效是要素投入、能源消费、经济发展等多种因素共同作用的结果,因此,单要素指标并不是合适的衡量指标(Ramanathan,2002)。

技术效率和全要素生产率分析是对单要素生产率分析的改进和完善,然而,传统的技术效率和全要素生产率分析并没有将环境污染因素纳入考虑范围,因此仍然有待进一步改进(Aigner、Lovell 和 Schmidt,1977;Charnes、Cooper 和 Rhodes,1978;Farrell,1957;郭庆旺和贾俊雪,2005)。

基于多投入多产出的环境生产技术将二氧化碳等污染物作为副产品(byproduct)纳入分析框架,从而大大拓展了分析范围,使得研究者得以分析生产的环境绩效。通常情况下，环境生产率分析可以基于谢泼尔德距离函数（Shephard distance function）进行，也可以基于方向距离函数（directional distance function）进行。

谢泼尔德产出距离函数假定所有的产出必须按照相同比例变动（Shephard、Gale 和 Kuhn，1970）。与此相反，最近发展的方向产出距离函数则允许在给定的方向下，在好产出增加的同时能够减少坏产出（Chambers、Chung 和 Färe，1998；Chung、Färe 和 Grosskopf，1997）[①]。谢泼尔德距离函数和方向距离函数都刻画了生产单位相对生产前沿的距离，都可以被用来衡量相对环境技术效率。但是，相对而言，对于衡量存在坏产出规制的情况下的环境绩效衡量，方向产出距离函数是更为适合的指标（Färe、Grosskopf、Lovell 等，1993；Färe、Grosskopf、Noh 等，2005）。

估计环境技术效率，实际上就是估计谢泼尔德距离函数或者方向距离函数。通常情况下，有两种估计方法可以使用。一种是非参数化方法，即数据包络分析（Data Envelopment Analysis，DEA）方法。该方法是建立在线性规划基础上的，在构建生产集时，将所有产出和投入的观察值连接为分段连续的集合，其目标是构建一条由所有观测到的投入和产出数据推导出的生产边界。数据包络分析方法是一种数据驱动的技术，已广泛应用在效率评价研究中，相关研究可参见 Boyd、Molburg 和 Prince（1996），Boyd、Tolley 和 Pang（2002），Färe、Grosskopf 和 Pasurka（2007），Kaneko、Fujii、Sawazu 等（2010），Lee、Park 和 Kim（2002），Maradan 和 Vassiliev（2005），Choi、Zhang 和 Zhou（2012），等等。[②]

数据包络分析方法的优点在于，无需对函数的具体形式进行假设（Zhang 和 Choi，2014）。然而，数据包络分析所构建的生产前沿并不是处处可导的，因此，它不适合用于估算环境生产率及影子价格（Färe、Grosskopf、Noh 等，2005）。此外，数据包络分析方法也受到很多其他问题的困扰。其中一个问题是，估计的结果对异常值非常敏感，即估计结果不是很稳健（Vardanyan 和 Noh，2006）。

参数化方法是另一种估计环境绩效的方法。与数据包络分析方法不同的是，参数化方法需要预先为谢泼尔德距离函数或者方向距离函数设定一

[①] 从本质上讲，方向距离函数是谢泼尔德距离函数的一般化。

[②] 更多关于能源和环境分析中数据包络分析方法的评述，请参见 Song、An、Zhang 等（2012），Zhang 和 Choi（2014），Zhou、Ang 和 Poh（2008），等等。

个具体的函数形式,然后估计出函数的未知参数。一旦参数作了估算,就很容易计算环境技术效率的值了。在实证分析中,谢泼尔德产出距离函数一般被设定为超越对数函数形式(translog functional form),而方向产出距离函数通常被设定为二次函数形式(quadratic functional form)[①]。

对于谢泼尔德距离函数,当函数形式被设定以后,通常只能通过线性规划(linear programming)方法进行参数估计。该方法要求距离函数值和前沿距离的和最小化。对于方向距离函数而言,当函数形式确定以后,既可以通过线性规划的方法进行参数估计,也可以通过随机前沿分析(Stochastic Frontier Analysis,SFA)方法进行参数估计。

线性规划方法的好处是可以将距离函数的所有性质以约束条件的形式纳入分析,而其不足之处是无法分析随机扰动因素对估计的影响,但是,通过自举(bootstrapping)等方法,可以为估计的系数构造一个置信区间,从而在一定程度上弥补该方法的不足(Simar 和 Wilson,1999,2000;Zhang、Kong、Choi 等,2014;Zhou、Ang 和 Han,2010)。

随机前沿分析方法的好处是可以将随机扰动因素纳入分析,但是无法将距离函数的性质以约束条件的形式纳入分析。通常情况下,随机前沿分析会首先基于全部观察值估计出参数和各生产单位的环境技术效率,然后再事后来验证方向距离函数的各项性质是否得到满足。那些不满足约束性质的观察值将被删除,而仅用剩下的观察值进行分析,这可能在一定程度上会造成估计的偏误(Färe、Grosskopf、Noh 等,2005;Murty、Kumar 和 Dhavala,2007)。

在过去的几十年里,参数化距离函数方法已经被广泛用来研究各种污染物的环境效率,包括 Coggins 和 Swinton(1996),Färe、Grosskopf、Lovell 等(1993),Färe、Grosskopf、Noh 等 (2005),Färe、Grosskopf 和 Weber (2006),Lee 和 Zhang (2012),Marklund 和 Samakovlis(2007),Matsushita 和 Yamane (2012),Murty、Kumar 和 Dhavala (2007),Reig-Martı′nez、Picazo-Tadeo 和 Hernández-Sancho(2001),Rezek 和 Campbell(2007),Swinton (1998),Swinton (2002),Swinton (2004),Vardanyan 和 Noh (2006),等等。

---

① Färe 和 Grosskopf (2010)指出,在不同的函数形式中,二次函数形式比超越对数函数形式更有用,这是因为超越对数函数形式违反了转换性质(translation property),从而不能被用于方向距离函数分析。

有关中国二氧化碳排放环境效率的研究成果也极为丰富。从现有的文献来看，基本上所有的文献都是基于谢泼尔德距离函数和方向距离函数展开的，在估计过程中，参数化方法和非参数化方法都得到了应用（魏楚、黄文若和沈满洪，2011）。[1]

基于环境生产技术和 2001—2007 年分省数据，Wang、Zhou 和 Zhou（2012）应用不同的数据包络分析方法，估计了中国 28 个省的二氧化碳排放绩效。他们的研究结果显示，中国各省的环境效率仍然较低，而且地区之间存在较大差别。按照他们的研究，如果各省能够达到生产前沿的水平，则仍然存在 36%～40%的空间，可以使得在 GDP 增加的同时二氧化碳排放量得到降低。

Choi、Zhang 和 Zhou（2012）基于非径向松弛数据包络分析方法（non-radial slack-based DEA），估计了中国 2001—2010 年的二氧化碳排放效率。他们的研究结果显示，中国的二氧化碳排放效率值在 0.146～1，平均值为0.645，相对仍然较低，而且地区之间分布不均衡，东部地区的二氧化碳排放效率最高，而西部地区则较低。

Xie、Fan 和 Qu（2012）基于两阶段网络数据包络分析方法，考察了中国30 个省的电力行业二氧化碳排放环境效率。他们的研究发现，发电形式对电力行业的环境效率有重要影响，增加新能源的比例有利于提高二氧化碳环境效率值。他们指出，已有的关于清洁能源的激励政策在发电领域已经取得了良好的效果，未来应该将相关激励政策进一步扩展到电网领域。

Wei、Löschel 和 Liu（2013）基于二次函数形式的方向距离函数，同时应用参数化线性规划方法和随机前沿分析方法，估计了浙江省 124 家火力发电企业的二氧化碳环境效率。他们的研究结果显示，电厂之间的环境效率存在较大差距，平均效率值仍然较低，平均而言，如果所有的电厂都处于生产前沿，那么，在保持投入不变的情况下，可以进一步增加 43.7～135.4MWh发电量，同时减少 4.55 万～14.08 万吨二氧化碳排放。Wei、Löschel 和 Liu（2015）则在非参数数据包络分析框架下，考察了 2004 年和 2008 年浙江省火

---

[1] 除了二氧化碳排放绩效分析以外，环境生产技术和距离函数方法也被用于二氧化硫、氮氧化物、粉尘等其他污染物的环境绩效分析，相关文献可参考 Managi 和 Kaneko（2006）、Ke、Hu、Li 等（2008）、Ke、Hu 和 Yang（2010）、Zhang、Bi、Fan 等（2008）、Kaneko、Fujii、Sawazu 等（2010）、胡鞍钢、郑京海、高宇宁等（2008）、彭昱（2012）、涂正革和肖耿（2009）、涂正革（2010）、王兵、吴延瑞和颜鹏飞（2010），等等。

电企业的二氧化碳环境效率及减排潜力,得到了类似的结论。

王群伟、周鹏和周德群(2010)基于非参数数据包络分析方法,测度了1996—2007 年中国 28 个省市二氧化碳排放绩效,并构建了 Malmquist 指数,考察了动态变化趋势。他们发现,在样本期间,中国的二氧化碳排放绩效主要因技术进步而提高,平均改善率为 3.25%,累计改善率为 40.86%;四大区域的二氧化碳排放绩效有所差异,东部最高,东北和中部稍低,西部则较为落后,但差异性有下降趋势。

孙传旺、刘希颖和林静(2010)基于方向距离函数和非参数数据包络分析方法,对 2000—2007 年中国 29 个省二氧化碳约束下的环境全要素生产率进行了分析。通过与传统的全要素生产率相比,他们发现,碳强度约束下的全要素生产率指数与碳强度目标吻合,能够实现对低碳经济发展中全要素生产率较准确的评价。同时,他们对二氧化碳排放绩效的收敛性进行了分析,发现东部地区的收敛趋势较显著,收敛速度也较快,而西部地区则不存在绝对 β 收敛性。

王兵、吴延瑞和颜鹏飞(2008)基于方向距离函数和非参数数据包络分析技术,运用 Malmquist-Luenberger 指数方法,测度了包括中国在内的 17 个 APEC 国家和地区 1980—2004 年的二氧化碳环境生产率。他们发现,技术进步是 APEC 国家和地区二氧化碳环境生产率提高的源泉,人均 GDP、工业化水平、劳均资本、人均能源使用量、开放度均对环境管制下的环境全要素生产率有显著影响。

陈诗一(2010a)基于 1980—2008 年中国 38 个两位数工业行业面板数据,在方向距离函数框架下,对中国工业行业环境生产率进行了估计。研究结果发现,考虑二氧化碳排放约束以后的全要素生产率比传统不考虑环境约束的估算值要低很多。改革开放以来,中国实行的一系列节能减排政策有效地推动了工业绿色生产率的持续改善,特别是从 20 世纪 90 年代中期到21 世纪初,中国工业绿色生产率增长最快并达到顶峰,且重工业生产率、效率和技术进步增长首次全面超过轻工业,初步彰显了环境政策的绿色革命成效。

陈诗一(2010b)基于类似的分析框架和数据,进一步模拟了中国工业从2009 年至新中国成立 100 周年之际节能减排的损失和收益,找到了通向中国未来双赢发展的最优节能减排路径。在此路径下,节能减排一开始确实会造成较大的潜在生产损失,但这种损失会逐年降低,最终将低于潜在产出增长,双赢可期;节能减排虽然在前期对技术进步有负面影响,但由于前期较高的技术效率以及后期技术进步的主导作用,中国工业全要素生产率在未来将会保持逐年小幅增长的态势。该研究支持了环境治理可导致环境和经济双赢发展的"环境波特假说"。

陈诗一(2012)基于方向距离函数,构建了中国 31 个省低碳转型进程的动态评估指数,并对改革以来中国各省级地区的低碳经济转型进程进行了评估和预测。结果表明,中国低碳经济转型经历了 20 世纪 80 年代中后期和 21 世纪初两个低潮发展时期,也经历了 20 世纪 90 年代颇有成效的阶段,近年来又开始迎来大转型的历史契机。作者指出,各地区低碳转型进程有很大不同且很多省市尚处于不稳定的初期转型阶段,各地方政府应因地制宜制定合理的经济和环境政策来持续促进低碳经济大转型的进程。

匡远凤和彭代彦(2012)在放松规模报酬不变的假定下,运用广义 Malmquist 指数与随机前沿函数模型相结合的方法,对中国二氧化碳排放环境生产率在 1995—2009 年间的增长变动状况进行了研究。结果显示,相比传统的生产效率,环境生产率能够体现环境问题给生产效率带来的损失,且更能反映省际在资源利用上的效率差异。环境全要素生产率增长在通常年份中大于传统全要素生产率的增长,但由于存在资本过快深化问题,无论是传统全要素生产率还是环境全要素生产率,对中国经济增长的贡献率都不高,并且引致了省级前沿技术面的内陷和减排难度的加大等问题。

张伟、朱启贵和李汉文(2013)运用环境方向距离函数,建立了以资本、劳动和能源为投入要素,以 GDP 和二氧化碳排放为产出的数据包络分析模型,测度了全国 30 个省 1995—2010 年期间二氧化碳环境效率。他们的分析显示,1995—2010 年期间,在全国 30 个省区中,能源使用和二氧化碳排放的技术因素对二氧化碳环境效率和变化率有较强的正影响,现阶段提高能源使用和二氧化碳排放的技术效率和技术水平是提升全要素环境生产率的关键因素。

景维民和张璐(2014)基于方向距离函数和 Luenberger 指数,运用 2003—2010 年中国 33 个工业行业的面板数据,度量了工业绿色技术进步情况。研究结论显示,技术进步具有路径依赖性,合理的环境管制能够转变技术进步方向,有助于中国工业走上绿色技术进步的轨道;在目前较弱的环境管制和偏向污染性的技术结构下,对外开放对中国绿色技术进步的影响可以分解为正向的技术溢出效应和负向的产品结构效用。

2.5　二氧化碳减排的边际成本

二氧化碳减排是有成本的。在短期生产技术、产业结构不变的情况下，二氧化碳无法自由处置，因此，要实现二氧化碳减排，只能通过压缩二氧化碳排放部门的生产规模、放缓经济增长来实现；在长期，可通过提高能效、技术进步、产业结构调整和能源结构调整来实现，这也是需要付出成本的（周鹏、周迅和周德群，2014）。

二氧化碳减排的边际成本估计已经成为低碳经济领域一个重要的研究主题，同时这也是一个研究的难点。其难点在于，二氧化碳减排的真实成本信息很难获得，而且没有相应的市场价格能够反映其成本。因此，有关二氧化碳减排的边际成本估计，往往用到间接的方法，即估计二氧化碳减排的机会成本，而不是直接估计其真实成本。这种以机会成本表示的边际减排成本，也被称为影子价格。

系统优化模型可以被用于估计二氧化碳减排的边际成本。其基本思想是，通过设定不同的能源需求和二氧化碳排放量约束，通过系统优化找出最优的成本效益组合，并通过动态模拟，考察整个经济系统为此需要付出的成本。在这些系统模型中，既有自上而下的宏观模型，如 RICE 模型，也有自下而上的能源模型，如 LEAP 模型，也有两者结合的混合模型，如 MARKAL-MACRO 模型。Zhang 和 Folmer（1998）以及王灿和邹骥（2002）对基于系统优化模型研究二氧化碳减排成本的相关文献进行了较为系统的述评[①]。

Criqui、Mima 和 Viguier（1999）基于 POLES 模型，估计了在建立全球碳交易市场的情况下，发达国家和发展中国家二氧化碳减排的成本情况。他们的研究发现，建立全球碳排放交易市场有助于 OECD 国家降低减排成本，同时，发展中国家也可以从全球碳交易市场中出售碳排放权而获利。

Ellerman 和 Decaux（1998）以及 Morris、Paltsev 和 Reilly（2012）基于 MIT 的 EPPA 模型，考察了全球二氧化碳减排的边际成本的特性。他们发现，二氧化碳边际减排成本不仅取决于估计的方法，而且受政策的影响非常

[①]　系统模型也被用于分析其他污染物的减排成本，相关文献可参考 Hartman、Wheeler 和 Singh（1997）等。

大，同时，单独估计二氧化碳减排的边际成本和估计所有温室气体的边际减排成本，结果有很大的差别。

Tol（1999）基于 FUND 模型，估计了全球温室气体的边际减排成本。研究结果显示，一吨二氧化碳的边际减排成本为 9～23 美元，如果考虑国家之间收入分布的不平等因素，则边际减排成本会上升到原来的 3 倍左右。同时，他们发现，碳减排的边际成本存在巨大的不确定性。

Mosnaim（2001）基于自下而上的建模方式，估计了智利二氧化碳减排的成本。他们考察了交通运输、制造和电力三个部门的能源使用情况。他们的研究结果显示，智利仍然存在巨大的二氧化碳减排空间，其中，通过能源效率的提高，可以在没有任何社会成本的情况下将二氧化碳排放减少 7%，可以在适中的成本（11 美元/吨二氧化碳）下将二氧化碳减少 114%。

Fischer 和 Morgenstern（2006）指出，基于系统模型的二氧化碳边际减排成本估计值差异巨大，为此他们基于综合分析（meta-analysis）方法，考察了导致这一结果的主要原因。他们发现，一些特定的模型假设，如消费者具有完全信息，会导致较低的成本估计值；而另一些模型假设，如资本完全流动，则会导致更高的成本估计值，技术细节的不同假设，则对估计结果的影响很小。Kuik、Brander 和 Tol（2009）在类似的分析框架下，得到了相似的结论。Baker、Clarke 和 Shittu（2008）则发现，技术进步表示方法的不同，对二氧化碳的减排成本有重要影响。

Vaillancourt、Loulou 和 Kanudia（2008）基于自下而上的能源模型，即 World-MARKAL 模型，估计了全球不同地区二氧化碳减排的边际成本，并据此考察了不同的排放权全球分配方案。Simões、Cleto、Fortes 等（2008）则基于 TIMES_PT 模型，估计了葡萄牙二氧化碳减排的边际成本。

有关中国二氧化碳减排成本的估计文献，有很多也是基于系统优化模型的。高鹏飞、陈文颖和何建坤（2004）基于 MARKAL-MACRO 模型，估计了中国的二氧化碳边际减排成本。他们发现，中国的二氧化碳边际减排成本是相当高的，当减排率在 0～45% 时，二氧化碳边际减排成本在 0～250 美元/吨二氧化碳之间，而且越早开始实施碳减排约束，在等同的减排量下，二氧化碳边际减排成本将越高，限制核电的发展将进一步增大减排成本。

Chen（2005）进一步基于 MARKAL-MACRO 模型，估计了中国二氧化碳减排的边际成本，研究结果显示，减排成本变动范围较大，为 12～216 美元/吨二氧化碳。他们认为，这样高的二氧化碳减排成本是中国无法承受的,对于中国而言,首要的任务仍然是发展经济,由于中国的能源结构以煤炭为主,因此减排的空间是有限的。他们指出,对中国而言,更现实的策略是通过可持续发展为国际温室气体减排做出贡献,而不应该是为碳排放设定明确的上限。

范英、张晓兵和朱磊(2010)构建了一个基于投入产出的多目标规划,对中国二氧化碳减排的宏观经济成本进行了估算,结果表明,二氧化碳控制对中国的经济影响十分显著,2010 年二氧化碳减排的宏观经济成本为 3100～4024 元/吨二氧化碳,而且减排的力度越大,相应的单位减排成本越高。

姚云飞(2012)基于 CEEPA 模型,比较了不同能源定价机制对中国二氧化碳边际减排成本的影响。研究结论显示,无论能源定价机制如何推进,国际原油价格上涨都会降低中国的边际减排成本,国际原油价格下降则会拉高中国的边际减排成本;相反,国际煤炭价格上涨会拉高中国的边际减排成本,而国际煤炭价格下跌则会降低中国的边际减排成本。

正如前文所评价的,系统模型可以分析较为复杂的能源—经济系统,但是对于大多数读者而言,系统模型是一个黑箱,缺乏透明性,而且需要设定大量的参数。这类模型最具争议的方面是基准情景的设置和模型的结构特征变化(Marklund 和 Samakovlis,2007)。正如 Lanz 和 Rausch(2011)所强调的,关键的模型结构假设对气候变化政策模拟有重要影响。

最近发展的有关污染物影子价格的估计方法,为研究者在没有价格和成本信息的情况下估计二氧化碳减排的边际成本提供了另外一种重要的方法。影子价格和环境生产率属于环境生产技术分析框架下的不同研究内容。正如上文所述,在多投入多产出环境生产技术框架下,二氧化碳等污染物被视为副产品,即坏产出或者非合意产出。然后运用距离函数与收入函数的对偶性质,可求得二氧化碳等污染物的影子价格(Färe、Grosskopf、Lovell 等,1993;Färe、Grosskopf、Noh 等,2005)。

在求得距离函数的基础上,影子价格可以被表述为生产前沿上的切线斜率。如上文所述,在以往的研究中,有两种被广泛使用的产出距离函数,即谢泼尔德产出距离函数和方向产出距离函数,前者假定所有的产出必须按照比例变动,而后者则允许在给定的方向下好产出增加的同时坏产出能够同比例减少(Chambers、Chung 和 Färe,1998;Shephard、Gale 和 Kuhn,1970)。Zhou、Zhou 和 Fan(2014)对基于谢泼尔德距离函数和方向距离函数的影子价格估计文献进行了系统性综述。

同样,影子价格的估计,可以用非参数数据包络方法,也可以用参数化方法,其中参数化方法又可以进一步分为线性规划(LP)方法和随机前沿分析(SFA)方法。由于非参数方法所构建的生产前沿不可导,因此,这种方法并不适合用来估算影子价格(Färe、Grosskopf、Noh 等, 2005；Vardanyan 和 Noh, 2006)。

有关中国二氧化碳排放边际减排成本的研究正变得越来越丰富,其中,相当大一部分研究是基于环境生产技术和距离函数展开的[①]。在以往这些研究中,参数化方法和非参数方法都得到应用,但是,有关二氧化碳减排影子价格的估计结果差异很大,对影子价格到底有多大这一问题并没有形成共识。

一些研究聚焦于产业层面或企业层面的二氧化碳排放影子价格估计。陈诗一（2010c）利用方向距离函数,同时用参数化和非参数化方法,估计了中国工业 38 个两位数行业 1980—2008 年的二氧化碳影子价格。度量结果显示,轻工业行业的二氧化碳影子价格绝对值要高于重工业行业,而且随着时间的推移,轻重工业和工业全行业的二氧化碳影子价格绝对值都出现递增现象。

Lee 和 Zhang（2012）基于谢泼尔德距离函数和超越对数函数设定,估计了 2009 年中国 30 个制造业产业的二氧化碳排放影子价格。他们的结果表明,如果所有的制造业都处于生产前沿,那么可以进一步将二氧化碳减少6.8 亿吨,减排的影子价格处于 0～18.82 美元/吨二氧化碳之间,平均水平为 3.13 美元/吨二氧化碳。

Wei、Löschel 和 Liu（2013）基于 2004 年经济普查数据,应用参数化方法和二次函数设定,研究了浙江省火电企业二氧化碳减排的影子价格。他们的研究表明,基于线性规划方法估计的影子价格比基于随机前沿方法估计的影子价格要低,具体而言,基于线性规划方法估计的影子价格平均值为2059.8 元/吨二氧化碳,而基于随机前沿方法估计的影子价格平均值仅为612.6 元/吨二氧化碳。

吴英姿和闻岳春（2013）基于方向距离函数和非参数数据包络分析方法,测算了 1995—2009 年中国 36 个工业行业的二氧化碳减排成本。研究结

---

① 一些论文研究了中国二氧化硫等其他污染物的边际减排成本问题,在此不再赘述,有兴趣的读者可参见 Ke、Hu、Li 等(2008),Kaneko、Fujii、Sawazu 等 (2010),Ke、Hu 和 Yang (2010),等等。

果表明,工业减排成本呈波动式增长趋势,低排放强度行业成本较高。低排放强度行业中绿色技术进步的减排作用较大,绿色生产率对工业减排成本的影响作用不明显,优化能源结构会降低高排放强度行业的减排成本,劳动对资本的替代有利于低排放强度行业减排成本的降低。

一些研究聚焦于全国、省级或市级的影子价格估计。Wang、Cui、Zhou 等(2011)基于方向距离函数和非参数数据包络分析方法,估计了 2007 年中国 28 个省的二氧化碳减排边际成本。他们的研究发现,2007 年中国各省的平均二氧化碳减排影子价格约为 475 元/吨,但是各省的差异巨大,最低的江苏省仅为 0.7 元/吨,而最高的北京市则需要 2878.9 元/吨。

Choi、Zhang 和 Zhou(2012)基于非径向数据包络分析方法,估计了 2001—2010 年中国 30 个省的二氧化碳减排的边际成本。他们发现,中国的平均二氧化碳减排影子价格从 2001 年的 6.94 美元/吨在波动中逐渐增加到了 2010 年的 7.44 美元/吨,总体来说仍比较低。各省的二氧化碳减排影子价格差异较大,最小的如 2001 年黑龙江省,仅为 0.31 美元/吨,而最大的如 2010 年浙江省,需要 13.9 美元/吨。

Wei、Ni 和 Du(2012)基于一个扩展的非参数数据包络分析方法,估计了中国 29 个省 1995—2007 年二氧化碳减排的影子价格,他们发现中国 29 个省份 1995—2007 年的影子价格平均值为 114 元/吨,但是各地区的差异较大,东部地区相对于中部和西部地区,其影子价格要高得多。

魏楚(2014)基于参数化方向距离函数,对中国 104 个地级市 2001—2008 年的城市二氧化碳边际减排成本以及影响因素进行了定量分析。研究结果显示,样本城市的二氧化碳边际减排成本为 967 元/吨,从地区来看,东部显著高于中部和西部,从时间上来看,边际减排成本一直在攀升,城市间的差异化日益明显。城市边际减排成本与二氧化碳排放强度成 U 形曲线关系,与第二产业比重负相关,与城市化水平正相关。

从上述文献中可以发现,有关中国二氧化碳减排的影子价格规模问题,并没有一个统一的认识,基于不同方法和不同数据的研究结果差异较大。但是,也可以从中得到一些基本一致的认识,即中国的二氧化碳减排成本存在地区差异,东部地区要相对更高一些,而且随着时间的推移,中国的二氧化碳减排正变得越来越昂贵。

2.6　二氧化碳减排的成本曲线

二氧化碳边际减排成本曲线（Marginal Abatement Cost Curve，MACC）是边际减排成本的进一步深化。边际减排成本衡量的是减少一单位二氧化碳必须支付的成本，而边际减排成本曲线则将不同的减排量下所需支付的边际成本连成曲线。边际减排成本曲线不仅可以用于碳税等减排政策的模拟，也可以用于碳排放权交易市场的模拟，因此，具有重要的政策含义。

根据模型方法上的不同，以往对二氧化碳边际减排成本曲线的研究，可宽泛地分为三大类：（1）基于专家或技术的成本曲线；（2）基于系统模型的成本曲线；（3）基于生产技术的成本曲线（De Cara 和 Jayet，2011；Kesicki 和 Strachan，2011）。

2.6.1　基于专家的边际减排成本曲线

第一种是基于专家的边际减排成本曲线，也称作技术成本曲线。它是一种自下而上的工程评估方法，该方法基于专家的意见，为当前可获得的每一种二氧化碳减排技术评定减排的潜力及相应的减排成本。然后，这些减排技术选项按照成本由低到高的顺序进行排列，以刻画逐步增加二氧化碳减排所产生的成本的增加量，从而形成一条边际减排成本曲线。

早期的边际减排成本曲线实际上是一种供给曲线。例如，Jackson（1991）构建了温室气体减排的最低成本供给曲线，并用这一方法来评估 17 个技术选项的成本效率。他的分析表明降低成本的主要决定因素是能源效率以及是否有可再生能源来源。

最著名的基于专家分析的二氧化碳边际减排成本曲线估计案例，当属麦肯锡公司估计的全球多个国家的二氧化碳边际减排成本曲线。在最新的版本中，他们深入评估了 21 个国家和地区 10 个行业超过 200 种温室气体减排技术的减排潜力和相应成本（Enkvist、Dinkel 和 Lin，2010；Enkvist、Nauclér 和 Rosander，2007；Nauclér 和 Enkvist，2009）[①]。

---

① 更多有关麦肯锡公司全球不同国家二氧化碳减排成本曲线的估计结果，可参见下列网址：http://www. mckinsey. com/client ＿ service/sustainability/latest ＿ thinking/greenhouse ＿ gas ＿ abatement_cost_curves

Wetzelaer、Van Der Linden、Groenenberg 等（2007）估计了《京都议定书》规定的非附件Ⅰ国家（Non-Annex Ⅰ）的温室气体边际减排成本曲线。为此，他们考察了 30 余个国家 550 多项温室气体减排技术的减排潜力和成本信息。他们的研究结论显示，2010 年所有非附件Ⅰ国家温室气体减排潜力达到 20 亿吨二氧化碳，但事实上仅有 14％左右的减排潜力可以被真正实现。

基于专家的边际减排成本曲线同样可以被应用于具体的行业。MacLeod、Moran、Eory 等（2010）基于自下而上的详细技术比较，估计了英国农业部门的温室气体减排成本曲线。他们的研究显示，根据所执行的政策的不同，到 2020 年，英国农业部门的二氧化碳减排潜力在 163 万～1016 万吨之间，大约相当于英国农业部门所排放的温室气体的 11.5％左右。

Moran、Macleod、Wall 等（2011）在类似的分析框架下，进一步研究了英国农业部门的边际减排成本曲线。他们的模拟显示，到 2022 年，在特定的低碳政策下，可以在没有任何成本的情况下减排大约 538 万吨碳当量的温室气体，在不高于 34 英镑的成本下，可以进一步减排 785 万吨碳当量的温室气体。

基于专家的边际减排成本曲线的优点是比较直观且易于理解，但是也存在一系列问题，因此而饱受批评（Kesicki 和 Strachan，2011）。首先，该方法将每种技术分开处理，从而忽略了不同技术选项之间的交互作用、协同利益和协同成本；第二，该方法仅仅评估了技术成本，而忽略了相关的交易成本；第三，该方法只评估了单方面的效应，而忽视了制度和行为背景。最后，这种方法只在静态的情况下成立，而忽视了跨期的动态特征和惯性效应。

在最近的研究中，Vogt-Schilb 和 Hallegatte（2011）试图通过加入时间成本维度来改善传统的基于专家的边际减排成本曲线估计。他们认为，如果减排技术的减排可能性大并且惯性显著，那么，成本更高的技术选项应该在成本最低的技术选项的减排可能性耗尽前实施。他们建议，政策制定者在决定各种减排措施实施的最佳时间时，应该考虑这些动态和惯性的效应。

2.6.2　基于系统模型的边际减排成本曲线

第二种是基于系统模型的边际减排成本曲线估计。系统模型的设定融合了局部均衡模型和一般均衡模型。对于系统模型而言，估计的基本步骤是，先估算出二氧化碳减排的边际成本值，然后通过不同的技术将不同的成本和减排量数据对拟合成曲线。通常,估算二氧化碳边际减排成本值的最常用方法是,在系统模型中设定不同排放水平值,并通过系统优化模拟获得二氧化碳的减排价格,或者在系统模型中设定不同的二氧化碳价格,然后运行模型并计算相应的二氧化碳排放水平。对于边际减排成本曲线的拟合,最常用的方法则是计量回归方法。

基于系统模型的边际减排成本曲线估计,可以进一步分为几种不同的类型。一种是工程导向的自下而上的模型,如能源系统模型;另一种是经济导向的自上而下的模型,如可计算一般均衡模型;当然也可以是混合模型(De Cara 和 Jayet,2011;Klepper 和 Peterson,2006)。不同类型的模型都通过最小化系统成本或者最大化消费者和生产者剩余来模拟市场均衡。然而,自下而上模型通常是局部均衡模型,仅仅涵盖了能源行业,而自上而下模型通常是一般均衡模型,涵盖了整个经济中内生的经济反应。

Ellerman 和 Decaux(1998)最先运用 MIT 的排放预测和政策分析模型(EPPA),估计了一条全球二氧化碳减排边际成本曲线,并据此分析了全球碳排放权交易的收益规模和分配效应。他们发现,从全球角度来看,碳排放权交易对所有的参与方都是有利的,而且碳交易市场的涵盖范围越广、约束越少,则交易的收益越高。

Criqui、Mima 和 Viguier(1999)进行了相似的研究。他们运用长期能源系统前景展望模型(POLES),拟合了一系列二氧化碳减排边际成本曲线,并据此模拟比较了两种可能的碳排放交易市场结果,即仅包括《京都议定书》规定的附件 B 国家或者包括所有国家。他们的模拟结果显示,将发展中国家纳入全球碳排放权交易市场更为有利。

Springer(2003)比较了 25 种温室气体许可交易模型,包括综合评价模型、CGE 模型和能源系统模型,并运用这些模型,估计了不同市场类型的市场规模和许可价格。Böhringer、Löschel、Moslener 等(2009)运用基于可计算一般均衡的政策分析模型(PACE)构建了欧盟的二氧化碳边际减排成本曲线。他们基于大量的模拟,证实了市场分割和多重监管造成的执行成本的存在。

Klepper 和 Peterson(2006)利用动态应用区域交易模型(DART),模拟了减排水平通过能源价格影响二氧化碳边际减排成本曲线的机制路径。他们发现,边际减排成本曲线确实是由初始能源价格、能源供给结构和低碳可能性决定的。Delarue、Ellerman 和 D'haeseleer(2010)则指出,二氧化碳的减排不仅取决于价格,而且取决于系统的负荷水平、能源价格等,边际减排成本曲线估计是不稳定的。

Fischer 和 Morgenstern（2006）采用综合分析（meta-analysis）策略,研究了是什么因素造成以往研究结果差异巨大这一问题。结果显示,若干模型假定可能会改变边际减排成本的估计结果。例如,阿明顿（Armington）交易弹性假设可能低估边际减排成本,而完全流动性资本假设可能使估计出现向上的偏差。

Morris、Paltsev 和 Reilly（2012）则指出,二氧化碳边际减排成本受国外政策的影响,例如,第三方国家采取的政策、历史政策成就、可交易温室气体的范围。

运用 MARKAI-MACRO 模型,Chen（2005）估计了中国 2010 年、2020 年和 2030 年二氧化碳排放的边际减排成本曲线,并据此模拟了中国实行不同的二氧化碳减排目标时可能造成的成本。他们的情景模拟显示,与基期年份相比,如果二氧化碳减排率在 5％～45％,那么中国的二氧化碳边际减排成本预期将达到 12～216 美元/吨。

Chen、Wu、He 等（2007）进一步运用 MARKAL、MARKAL-ED 和 MARKAL-MACRO 三个模型,估计了中国二氧化碳减排的边际成本曲线,并据此模拟了中国到 2020 年减排 45％ 的成本问题。他们的模拟结果显示,到 2020 年二氧化碳减排率为 45％ 的情况下,边际减排成本将达到 311 美元/吨二氧化碳。他们指出,中国以煤炭为主的能源结构使得二氧化碳减排必须依赖核电的发展。

吴力波、钱浩祺和汤维祺（2014）构建了中国多区域动态一般均衡模型,模拟分析了各省市从 2007—2020 年的边际减排成本曲线。他们发现,一方面边际减排成本曲线的斜率会随着减排行动的推进而逐渐增大,另一方面也会出现拐点并进一步上翘,且不同省市的边际减排成本曲线上翘幅度以及出现拐点的位置均存在差异。

虽然基于系统模型的边际减排成本曲线估计考虑了不同措施之间和跨期之间的交互作用,但是这一方法仍然有其自身的缺点。首先,系统模型的估计结果显著不同,估计结果对于模型的选择和模型的假设非常敏感。第二,系统模型经常是大而复杂的黑箱,在大多数情况下,读者被告知了特定的结果,但是却完全不理解结果是如何获得的,对于模型使用的参数设定的合理性也无法了解。

2.6.3　基于生产的边际减排成本曲线

第三种方法是基于生产理论来得到边际减排成本。生产可能性边界是由一组详细的技术和经济约束决定的。考虑到生产过程会产生令人满意的产出和不尽如人意的副产品，生产单位必须牺牲一部分利益，重新分配生产资源给减排活动以降低边际排放。这一由限制条件引起的边际成本可以解读为机会成本（De Cara 和 Jayet，2011；Klepper 和 Peterson，2006）。

有两种策略来实施实证分析。第一种是先确定一个总成本函数，然后通过一阶导数获得边际成本模型，或者直接设定并估计边际成本方程。相关的研究包括 Hartman、Wheeler 和 Singh（1997）对美国的研究，De Cara 和 Jayet（2011）对欧洲的研究，Dasgupta、Huq、Wheeler 等（2001），Wei 和 Rose（2009），Zhou、Zhang、Zhou 等（2013），等等对中国的研究。这一方法的主要的问题是如何获得成本的可靠信息，通常这些信息是保密的。

文献的另一主线是用上文中提及的环境生产技术和距离函数方法。谢泼尔德距离函数和方向距离函数都被广泛使用（Chung、Färe 和 Grosskopf，1997；Shephard、Gale 和 Kuhn，1970）。距离函数的主要优点是只需要投入和产出的数据，而这些数据远比获取成本信息要容易得多。Chambers、Chung 和 Färe（1998），Färe、Grosskopf、Lovell 等（1993），Färe、Grosskopf、Noh 等（2005）已经在这一领域做了开拓性工作。

一些实证研究运用了非参数数据包络分析方法。该方法是建立在线性规划基础上的，其目标是构建一条由所有观测到的投入和产出数据推导出的生产边界。相关的研究包括 Boyd、Tolley 和 Pang（2002），Kaneko、Fujii、Sawazu 等（2010），Lee、Park 和 Kim（2002），Maradan 和 Vassiliev（2005），Choi、Zhang 和 Zhou（2012），等等。数据包络分析方法的主要优点在于，它不需要为潜在的技术条件施加一个特定的函数形式（Zhang 和 Choi，2014）。

影子价格也可以用参数化方法进行估计。参数化估计方法的主要优点在于，估计的生产边界是处处可导的。在之前的研究中，谢泼尔德距离函数通常被参数化为超越对数函数形式，而方向距离函数一般被参数化为二次函数形式。这两种函数设定都可以用线性规划的方法来估计。相关研究包括 Coggins 和 Swinton（1996），Marklund 和 Samakovlis（2007），Matsushita 和 Yamane（2012），Rezek 和 Campbell（2007），Swinton（2004），Lee 和 Zhang（2012），等等。此外，二次函数设定也可以用随机前沿分析方法进行估计。之前相关的研究包括 Färe、Grosskopf、Noh 等（2005），Murty、Kumar 和 Dhavala（2007），Wei、Löschel 和 Liu（2013），等等。随机前沿方法相对于线性规划方法的优势在于，前者考虑了随机扰动因素。[①]

与基于专家的边际减排成本曲线和源于系统模型的边际减排成本曲线相比，基于供给/生产的边际减排成本曲线建立在牢固的生产理论之上，并且其阐释也直白易懂，透明性和可复制性更强。但是，正如上述大多数研究所揭示的，对不同地域和时间边际减排成本的具体估计没有形成一条连续的减排曲线。研究者因此无法运用各种减排的情景模拟进行成本收益分析。

2.7　二氧化碳减排的政策设计

2.7.1　贸易隐含碳排放

全球二氧化碳减排是一个国际合作过程，坚持"共同但有区别的减排责任"原则，是国际社会普遍达成的共识。但是，由于发展水平和发展模式上的差异，发达国家和发展中国家在减排责任和减排目标的确定上仍然存在一定的分歧。大量研究认为，由于国际贸易的存在，发达国家的碳排放通过国际贸易转移到了中国等发展中国家，因此，国际上通用的以生产为基础的碳排放核算方法存在重大缺陷。

Shui 和 Harriss（2006）发现，1997—2003 年，如果美国从中国进口的产品全部在美国生产，则美国的二氧化碳排放增量将从 3% 变为 6%。对于中国所排放的二氧化碳总量中，有 7%～14% 是因为生产出口美国的产品而造成的，中国产品因为出口美国而导致全球二氧化碳排放量增加 7.2 亿吨。

Li 和 Hewitt（2008）用相似的方法考察了中国和英国贸易的隐含二氧

---

① 最近，有大量文献致力于改进碳绩效模型和影子价格估计技术。第一条研究主线用非径向方向距离方程将松弛加入效率测度中（Barros、Managi 和 Matousek，2012；Färe 和 Grosskopf，2010；Zhang 和 Choi，2013；Zhou、Ang 和 Wang，2012）。第二条研究主线运用综合边界（meta-frontier）技术将异质性纳入分析（Battese、Rao 和 O'Donnell，2004；Oh，2010；Zhang、Zhou 和 Choi，2013）。第三条主线使用自举（bootstrapping）方法，分别为非参数数据包络分析方法和参数化线性规划方法提供了估计误差和置信区间（Simar 和 Wilson，1999；Zhang 和 Choi，2014；Zhou、Ang 和 Han，2010）。

化碳排放量。他们发现，2004年通过与中国的贸易，英国减少了11％的二氧化碳排放量。他们指出，由于中国的生产技术落后，二氧化碳排放强度更高，相对没有贸易的情况而言，两国贸易导致全球二氧化碳排放增加1.17亿吨，相当于英国二氧化碳排放总量的19％。

Wang和Watson（2007）则指出，2004年，中国因出口而导致的二氧化碳排放量占其国内总排放量的23％左右。这不仅是因为中国的贸易顺差，而且是由于中国经济的整体二氧化碳排放强度较高的缘故。

Weber、Peters、Guan等（2008）则发现，2005年，中国的二氧化碳排放量有三分之一是因为出口而造成的，而且有进一步上升的趋势。他们认为，发达国家应该为这些隐含的二氧化碳"泄漏"负责。

Lin和Sun（2010）进行的投入产出核算显示，2005年中国有33.57亿吨二氧化碳排放可归结为出口，但只有23.33亿吨二氧化碳可以归结为进口。在出口隐含的二氧化碳排放中，有35％是发电因素造成的，而水泥生产因素则占了20％左右。他们认为，基于生产的二氧化碳排放量核算是不合理的，而应该从消费的角度来进行核算。

刘强、庄幸、姜克隽等（2008）基于全生命周期评价方法，对中国出口贸易中的46种重点产品的载能量和碳排放量进行了计算和比较。结果显示，2005年46种出口贸易产品的二氧化碳排放量共7.96亿吨，占当年全国二氧化碳排放总量的14.5％。他们指出，中国政府应通过各种政策措施来改善贸易结构，引导中国贸易方式向高附加值和环境友好型方向转变。

齐晔、李惠民和徐明（2008）基于投入产出法估算了1997—2006年中国进出口贸易中的隐含二氧化碳排放量。他们发现，如果按照日本的碳耗效率对进口产品进行调整，中国为发达国家转移了数量惊人的二氧化碳排放，1997—2002年隐含二氧化碳排放占中国当年碳排放总量的12％～14％，2002年以后迅速增加，到2006年，该数字已达到29.28％。

尹显萍和程茗（2010）基于投入产出法估算了中美贸易的隐含二氧化碳排放量。结果显示，2000—2008年，中国因为对美国的净出口而导致二氧化碳排放量增加1.42亿～6.73亿吨，占中国当年二氧化碳排放量的4.7％～10.9％。中美贸易使美国的二氧化碳排放量减少了0.55亿～2亿吨，占美国当年二氧化碳排放量的1％～3.6％。他们也认为，当前以生产为基础的二氧化碳排放核算是不合理的。

朱启荣（2010）基于投入产出模型，测算了2002年和2007年中国出口贸易活动产生的二氧化碳排放量。研究结果表明,加入世贸组织后,中国出口贸易产生的二氧化碳排放量呈现迅速增长态势,中国的高碳产品具有一定的竞争优势,使得高碳产品在中国出口中所占比重较大。

2.7.2　碳减排责任分担

针对发达国家主导的国际二氧化碳减排方案,一些学者对这些方案的不合理性进行了质疑,并提出了符合本国现实和利益的减排方案。

潘家华(2002),潘家华和郑艳(2009)从人文发展的角度指出,国际二氧化碳减排责任的分担,必须综合考虑各国的历史责任、现实发展阶段和未来发展需要,发展中国家仍然处于工业化进程之中,未来需要更多的排放空间以满足其发展需要。

潘家华和陈迎(2009)则进一步提出了一个综合性碳预算方案,建议以气候安全的允许排放量为全球碳预算总量,将其设为刚性约束,并把这一全球碳预算总量以人均的方式初始分配到每个人,然后再根据历史排放情况和未来的碳排放需求情况进行碳预算转移支付。

国务院发展研究中心课题组(2009)指出,在核算全球二氧化碳排放量和减排责任分担的过程中,不能只关注当前的排放总量和人均排放量,而应该将历史上的二氧化碳排放量也纳入考虑范围。他们指出,应在计算历史总排放量和确定未来总排量的基础上,在各国人均排放量相等的原则下,合理地分配温室气体排放权,各国之间可在产权确定的基础上进行二氧化碳排放权交易。

樊纲、苏铭和曹静(2010)则提出应根据最终消费来衡量各国碳排放责任。他们计算了两个情景下1950—2005年世界各国累计消费排放量,发现中国约有14%～33%的国内实际排放是由他国消费所致的,而大部分发达国家则正好相反。他们指出,国际社会应对气候变化的"共同但有区别的责任"原则应扩展为"共同但有区别的碳消费权"原则,建议以1950年以来的累积消费排放作为国际公平分担减排责任与义务的重要指标。

李陶、陈林菊和范英(2010)基于碳强度建立了中国各省的二氧化碳减排成本估计模型,提出了一个基于非线性规划的二氧化碳减排省际配额分配方案,并在全国减排成本最小的目标下,得到了各省市减排配额分配方案。结果显示,他们的方案结果和基于GDP和基于人口的分配方案有很大不同,其减排成本是最低的。

2.7.3 碳关税

碳关税被认为是一种全球二氧化碳减排的有效手段，其主要依据是，发达国家采取单边减排措施，可能会导致高碳产业的跨国转移，从而导致碳泄漏。2012 年 1 月，欧盟将所有途径欧盟机场的航班均纳入碳排放交易体系，意味着碳关税正式付诸实施（林伯强和李爱军，2012）。

Lockwood 和 Whalley（2010）认为以往关于关税的探讨也适用于碳关税，因此，所谓的碳关税只是"旧瓶装新酒"。他们认为，碳关税是中性的，并不能给碳关税征收国带来竞争优势。Burniaux、Chateau 和 Duval（2013）基于一个全球可计算一般均衡模型评价了碳关税的影响。他们的结论认为，在全球碳减排合作不是很强的情况下，碳关税确实可以减少碳泄漏问题；碳关税虽然可能给全球带来福利的损失，但是这种福利效应是很小的；碳关税不会带来产出的损失。

一些学者对欧美国家开征碳关税对中国的影响也进行了研究。沈可挺（2010）指出，欧美国家针对高耗能产品征收碳关税可能使中国制造业面临较大的潜在冲击。沈可挺和李钢（2010）进一步在分析中国工业品出口的隐含碳排放量基础上，采用动态可计算一般均衡模型测算了碳关税对中国工业生产、出口和就业的可能影响。研究结果发现，每吨碳 30 美元或 60 美元的关税率可能使中国工业部门的总产量下降 0.62%～1.22%，使工业品出口量分别下降 3.53%～6.95%，同时使工业部门就业岗位减少 1.22%～2.39%，而且冲击可能在 5～7 年甚至更长时期内产生持续影响。

鲍勤、汤铃和杨列勋（2010）基于可计算一般均衡模型，应用 2007 年数据，测算了美国征收碳关税对中国对外贸易、经济、环境等方面的影响。他们针对 10 种可能的碳关税税率情景进行了测算。研究结果发现，碳关税将直接给中国对外贸易带来巨额财富损失，进一步对中国整个经济造成极大的负面影响，而且环境改善的效果相对有限。

林伯强和李爱军（2010）采用一个可计算一般均衡模型，从竞争力角度分析了碳关税对不同发展中国家的影响。他们发现，碳关税影响各国厂商的竞争力、市场份额和产出，其影响是非中性的；碳成本和征税标准是控制碳关税影响大小的关键；碳关税导致生产跨国转移、产业结构调整，进而导致碳泄漏。他们建议发展中国家应该在碳减排问题上相互合作，以便取得更有利的谈判地位。

俞海山和郑凌燕（2012）则指出，发达国家是否应该开征碳关税，不在于征收碳关税有什么利弊，而在于碳关税是否合乎现行的国际规则，是否公平正义。他们认为，由于多边贸易规则和多边环境规则本身的模糊性、抽象性，碳关税在某些方面具有一定的合理性和合规性，但从总体上来说，碳关税不符合 WTO 多边贸易规则和《京都议定书》多边环境规则，因而缺乏合规性。同时，他们认为，无论是从历史角度看还是从技术角度看，无论是单边征收还是全球统一征收，碳关税都是不公平的。

朱永彬和王铮（2011）利用可计算一般均衡模型，模拟了其他国家征收碳关税对中国的影响。研究发现，碳关税政策将对中国的能源、钢铁冶炼、水泥等非金属矿物制造业部门的出口产生很大的负面影响，而金融保险、信息传输服务、印刷媒介复制业等部门的出口反而增加。同时，碳关税的征收将降低中国的国内总产出，进而导致社会投资、劳动就业及居民收入的下降，但居民消费会有所上升。

曲如晓和吴洁（2011）构建了一个局部均衡模型来探讨碳关税对进口国和出口国的福利影响。他们的研究显示，进口国征收碳关税能提高本国福利水平，降低出口国的福利水平，但福利变化的程度取决于进口国国内碳税、出口国是否征收碳税等情况。

林伯强和李爱军（2012）基于多国可计算一般均衡模型，探讨了碳关税的合理性。他们的研究结果表明，碳关税和其他碳减排措施（如能源税、碳税）的影响存在显著差异。相比较而言，碳关税会导致较高的碳减排成本和较高的碳泄漏率，对世界二氧化碳减排的贡献相对较小，因而，碳关税不具有合理性。同时，他们也指出，碳关税是有效的威胁手段，可以迫使发展中国家采取碳减排措施。Li 和 Zhang（2012）得到了类似的结论。

2.7.4　碳　税

与碳关税不同，碳税主要是针对一国内部的碳排放行为。碳税作为一种主要的二氧化碳减排措施，获得了大量的关注。Ulph（1994）考察了碳税的最优时序问题。Ekins（1996）指出，碳税在二氧化碳减排的同时，还可以使其他污染物也得到控制，因此存在额外的收益。Hoel（1996）则认为，不同地区之间的碳税不应该存在差异。

Böhringer 和 Rutherford（1997）指出，在一个开放经济中，一个国家单方面征收碳税，将对产出和就业造成显著影响，不仅使得税基缩小，而且使得净损失（dead weight loss）增加，因此，碳税是成本很高的一项政策。Brännlund 和 Nordström（2004）通过数值模拟发现，碳税存在地区分配效应，人口稀少地区的家庭将承担更大比重的碳税。Lin 和 Li（2011）应用倍差分方法（difference-in-differences），考察了碳税对北欧四国的影响，他们发现，碳税对芬兰人均二氧化碳排放量有显著负的影响，但是对丹麦、瑞典和荷兰的影响并不显著。

有关中国碳税的研究也相当丰富，研究的重点在于探讨开征碳税对中国宏观经济的影响。主流的研究方法是采用可计算一般均衡模型进行情景模拟，但是研究的结果存在较大的分歧，大致可以分为三类。

第一类研究认为，中国开征碳税可以起到促进二氧化碳减排的作用，而且对宏观经济的影响不大，甚至可以起到正面作用，存在"双重红利"。

Garbaccio、Ho 和 Jorgenson（1999）以及曹静（2009）以动态可计算一般均衡模型为基础，估计了碳税对中国经济的影响，他们发现，中国开征碳税不但可以降低二氧化碳排放量，而且可以实现经济和消费的长期增长，存在"双重红利"效应。贺菊煌和沈可挺（2002）建立了一个静态可计算一般均衡模型，通过模拟他们发现，碳税对 GDP 的影响很小，且各部门的能源消耗都将下降，从而碳排放也会下降。朱永彬、刘晓和王铮（2010）也发现，碳税的征收可以有效地减少碳排放，同时总产出及产品供给不降反升，企业投资及资本需求也会增加。陈诗一（2011）指出，征收碳税促进碳强度减排的作用是明显的，虽然在短期内会对工业产出造成负面影响，但影响幅度很小。

姚昕和刘希颖（2010）从微观主体出发，在充分考虑中国经济增长阶段特性的基础上，通过求解基于福利最大化的动态最优碳税模型，考察了最优碳税征收路径，并测算了其宏观经济影响。结论发现，开征碳税有利于减少碳排放，提高能源效率，并可以调整产业结构。在保障经济增长的前提下，中国最优碳税是一个动态渐进的过程。随着经济增长，经济社会承受力不断提高，最优碳税额逐渐上升。在具体的政策实施中，开始比较低的碳税可以使经济社会避免受到比较大的冲击。

娄峰（2014）构建了动态可计算一般均衡模型，模拟分析了 2007—2020 年不同的碳税水平、碳税使用方法对二氧化碳排放强度的影响。研究结果表明，随着碳税税率的增加，单位碳税二氧化碳排放强度边际变化率呈现逐渐减小的变化趋势；在能源消费环节征收碳税，同时降低居民所得税税率，可以实现在减少二氧化碳排放强度的同时，使得社会福利水平有所增加，从而可以实现碳税的"双重红利"效应。

第二类研究认为,虽然开征碳税对中国二氧化碳减排能起到一定的促进作用,但是对宏观经济将造成较大的负面影响。

王灿、陈吉宁和邹骥(2006)构建了一个综合描述中国经济、能源、环境的递推动态可计算一般均衡模型,分析了实施碳税对中国经济的影响。研究结果发现,碳税减排政策有助于能源效率的提高,但是对经济增长和就业会带来较大的负面影响。

苏明、傅志华、许文等(2009)在2005年投入产出表数据的基础上构建了可计算一般均衡模型,分析了不同的碳税税率方案对宏观经济、二氧化碳排放以及各行业的产出、价格等的影响。研究结果发现,无论是静态还是动态分析,碳税都将对GDP、投资、可支配收入等指标造成负面影响。

何建武和李善同(2010)利用多区域可计算一般均衡模型,对全国各地区施行统一的碳税对于区域经济、产业结构、二氧化碳排放以及地区差距的影响进行了分析。研究发现,采用统一的碳税政策,对资源丰富的西部地区造成的福利损失比经济发达的东部地区大约要高1~2个百分点,碳排放强度越高的省份,其福利受损程度越大,统一碳税政策既会带来地区整体福利的下降,也会造成地区差距的扩大。

戴悦和丁怡清(2015)指出,征收碳税有利于完善中国税制,具有积极的作用,而且是控制二氧化碳排放的有效途径,但是对中国社会、经济、环境方面都会造成很大影响,实施起来有一定难度。

第三类研究认为,中国开展碳税将对宏观经济造成一定的负面影响,但是可以通过某些措施加以矫正。

Zhang(1998)发现,碳税对经济增长、社会福利及就业都将造成一定的负面影响,但是,如果碳税收入用来抵消其他税收,则其负面影响将大大减少。Liang、Fan和Wei(2007a)发现,中国征收碳税对宏观经济及能源和贸易密集型部门将造成一定的负面影响,但可以通过对生产部门的补贴得到缓解。

Lu、Tong和Liu(2010)基于动态可计算一般均衡模型,考察了碳税对中国的影响。他们的模拟结果显示,碳税可以有效地减少二氧化碳排放,但是对经济增长的负面影响却很小。在征收碳税的同时削减间接税,可以减少碳税对生产和竞争力的负面影响。他们发现,在征收碳税的同时对家庭进行补贴可以有效刺激家庭消费。

2.7.5 碳排放权交易

排放权交易是二氧化碳减排最重要的途径之一，而且已经在欧盟等国家进行了实践，大量文献对此进行了研究，如 Elkins 和 Baker（2001）对碳排放权交易和碳税的相关文献进行了综述；Carlén（2003）考察了国际碳排放权交易市场中可能存在的市场力问题；Kara、Syri、Lehtilä 等（2008）分析了欧盟碳交易市场对芬兰电力市场和电力消费者的影响；Chen、Sijm、Hobbs 等（2008）考察了碳排放权交易对西北欧电力市场的影响；等等。

国内关于二氧化碳排放权交易的研究正变得越来越丰富。杜少甫、董骏峰、梁樑等（2009）将排放许可与交易机制纳入到微观企业生产决策中，分别在确定性和可变净化水平的情况下，考察了企业的最优生产策略问题。王明喜、王明荣、汪寿阳等（2010）从企业的角度考察了最优减排策略，他们发现，在没有国家宏观政策的干预下，企业的自主减排投资策略将偏离最优减排投资策略，国家应积极引导创新能力强的企业增加减排投资，调整不同企业的减排量，使得他们的减排效率最终在同一水平上。杨志和陈波（2010）指出中国建立区域碳交易市场势在必行。隗斌贤和揭筱纹（2012）则提出了长三角区域碳交易市场的构建思路。

安崇义和唐跃军（2012）基于 AIM-Enduse 模型，分析了基于配额的排放权交易和基于项目的排放权交易之间内在的促进和制约关系。他们发现，对于减排技术高度发达的国家来说，CDM 机制不仅有利于大幅度降低其减排成本，还有利于增加排放权交易市场的交易量，但对于减排技术较为落后的国家来说，CDM 机制对其几乎没有影响。

石敏俊、袁永娜、周晟吕等（2013）基于动态可计算一般均衡模型构建了中国能源—经济—环境政策模型，模拟分析了碳税和碳排放权交易的减排效果、经济影响和减排成本。他们的研究结果显示，碳税的 GDP 损失最小，减排成本较低，而碳排放交易机制的减排成本较高，但是减排效果更好。他们建议中国应实行碳排放交易和适度碳税相结合的符合政策。

2.8 本章小结

全球变暖和温室气体减排问题正越来越受到学术界的关注，相关研究文献也快速增长,研究的内容涵盖了广泛的主题。本章对二氧化碳减排相关的研究文献进行了回顾,并进行了简要评论。

具体而言,本章内容涵盖了以下六方面:(1)二氧化碳排放的影响因素研究,根据研究方法的不同,重点回顾了基于指数分解方法和计量回归方法的研究文献;(2)二氧化碳排放趋势预测,根据研究方法不同,主要回顾了基于系统模型和计量回归方法的研究文献;(3)二氧化碳排放绩效的研究,主要综述了基于环境生产技术和方向距离函数的研究文献,同时对单要素指标的研究也有所涉及;(4)二氧化碳减排的影子价格研究,着重回顾了基于系统模型和方向距离函数的文献研究;(5)二氧化碳减排的边际成本曲线,重点回顾了基于技术分析、系统模型和环境生产技术的研究成果;(6)二氧化碳减排的机制问题,包括减排责任的分担机制、碳关税、碳税、碳交易等问题。

从本章的文献综述可以看出,以往有关中国二氧化碳减排问题的研究,主要仍然是基于国家层面的时间序列研究和产业水平的横截面研究,只有少数研究是基于省级面板数据展开的,而且缺乏系统性。相比于传统的横截面数据和时间序列数据研究,面板数据模型具有一些重要的优势。面板数据通常可以为研究者提供更多的数据观察值。更重要的是,面板数据模型能够在回归模型中引入个体效应,从而提高估计的有效性(Baltagi, 2005; Hsiao, 2003)。事实上,许多已有文献在研究国际二氧化碳减排问题时,大量应用了跨国面板数据模型,例如 Wagner(2008),Richmond 和 Kaufmann(2006),Holtz-Eakin 和 Selden(1995),Tucker(1995),Schmalensee、Stoker 和 Judson(1998),Lantz 和 Feng(2006),Maddison(2006),Aldy(2007),Auffhammer 和 Steinhauser(2012),等等。

本书将基于省级面板数据,对中国二氧化碳减排问题进行系统研究,以期在理论上能进一步丰富已有的研究文献,在实践上为中国政府的温室气体减排政策的制定提供有益的参考。

第 3 章

分省二氧化碳排放量估计[①]

3.1 引 言

国际上已有较多研究机构对中国全国水平的二氧化碳排放量进行了估计,如世界银行、国际能源署(International Energy Agency,IEA)、英国石油公司(British Petroleum,BP)等,但是到目前为止,尚未有权威机构(包括政府、国际组织等)公布直接可用的中国省级水平的二氧化碳排放数据。

全国水平的二氧化碳排放数据在研究中的重要性不言而喻,相关研究包括林伯强和蒋竺均（2009）等。然而,国家水平的二氧化碳排放数据仅反映了加总的情况,而不能反映地区特征,对中国这样一个地域广阔而且地区差异较大的国家来说,在研究中考虑地区特征并制定差异化的二氧化碳减排政策,显然具有重要的意义。同时,由于国家水平的数据在研究过程中往往基于时间序列计量估计方法,可获得的年度数据往往较少,对研究结果可能会产生一定的不利影响,而通过构建省级面板数据则可以大大增加样本的观察值。因此,运用科学的方法对中国各省的二氧化碳排放量(包括排放总量、人均排放量、排放强度)进行科学而合理的估算,是进一步完善和深入相关研究的前提条件。

估计各省二氧化碳排放量的关键在于确定排放源,然后根据科学的方

---

① 本章主要内容已在英文期刊 *China Economic Review* 上发表,详情请参见 Du、Wei 和 Cai (2012)[57]。本书作者在原文基础上有所修正和扩展。

法进行估算。政府间气候变化专门委员会（Intergovernmental Panel on Climate Change，IPCC）在 2006 年出版了国家温室气体清单指南，详细阐述了二氧化碳排放的主要来源和估计方法（IPCC，2006）[①]。同时，中国国家发展改革委应对气候变化司也出版了《2005 中国温室气体清单研究》，专门针对中国的实际情况进行了进一步细化和具体化。以上两项研究为估算中国的分省二氧化碳排放提供了科学的依据和方法，为此本书将主要基于上述清单指南的方法进行估计。

　　本章的内容安排如下：3.2 节主要介绍分省二氧化碳的估计方法，重点聚焦于化石能源燃烧产生的二氧化碳估计，主要考虑了原煤、焦炭、汽油、煤油、柴油、燃料油、天然气七种化石能源；3.3 节主要报告了各省二氧化碳的估计结果，相关内容包括二氧化碳排放的总量、人均排放量、排放强度等，考察了二氧化碳排放的地区差异及排放结构；3.4 节则是本章小结。

3.2　估计方法

　　化石能源燃烧是二氧化碳排放的主要来源，因此，本书将主要估算中国各省化石燃料燃烧引起的二氧化碳排放量[②]。为了使得估计更为细致和精确，进一步将化石能源消费细分为煤炭消费、石油消费和天然气消费三大类，其中煤炭消费又可进一步细分为原煤消费和焦炭消费两大类，而石油消费则可以进一步细分为汽油、煤油、柴油、燃料油四类，天然气消费则不再进一步细分。值得指出的是，在一次能源消费过程中，有相当大一部分被用来发电和供热，虽然这部分能源消费产生的电能和热能可能并不都在本省使用，但是由此产生的二氧化碳确实都留在了本省，因此本文在估算各类能源

　　① 政府间气候变化委员会（IPCC）是由世界气象组织和联合国环境规划署在 1988 年共同建立的，其职责是在全面、客观、公开和透明的基础上，对有关全球气候变化的现有科学、技术和社会经济信息进行评估。2006 年出版的 IPCC 国家温室气体排放清单指南可通过下列网站在线浏览：http://www.ipcc-nggip.iges.or.jp/public/2006gl/index.html

　　② IPCC（2006）规定，除化石能源燃烧外，在水泥、石灰、电石、钢铁等工业生产过程中，由于物理和化学反应，也会排放二氧化碳气体。在所有工业生产过程排放的二氧化碳中，水泥生产占 56.8%，石灰生产占 33.7%，而电石、钢铁生产所占不足 10%。由于水泥、石灰、电石、钢铁的分省数据难以获得且排放比重相对较小，故本书将忽略此部分二氧化碳排放。需要指出的是，如果将这部分二氧化碳也计算在内，无论是二氧化碳的排放总量还是人均排放量，都将有所上升，但是幅度不会太大。

消费量时,除终端能源消费量外,还包含了发电和供热用能。也就是说,本书的能源消费量数据是终端能源消费量、发电能源消费量、供热能源消费量三类能源消费量的加总。本书所有化石能源消费数据皆取自历年《中国能源统计年鉴》中的地区能源平衡表,其中个别省份、个别年份的能源消费数据缺失,用插值法进行补全。

根据 IPCC (2006)以及国家发展改革委应对气候变化司(2005)的有关标准,化石能源燃烧的二氧化碳排放量计算公式具体可以表述如下:

$$EC = \sum_{i=1}^{7} EC_i = \sum_{i=1}^{7} E_i \times CF_i \times CC_i \times COF_i \times \frac{44}{12} \qquad (3.1)$$

式中:EC 表示各类能源消费排放的二氧化碳总量;i 表示能源消费种类,包括原煤、焦炭、汽油、煤油、柴油、燃料油和天然气共 7 种;E_i 是各省第 i 种能源的消费总量;CF_i 是第 i 种能源的发热值;CC_i 是第 i 种能源的碳含量;COF_i 是第 i 种能源的氧化因子。$CF_i \times CC_i \times COF_i$ 被称为第 i 种能源的碳排放系数,而 $CF_i \times CC_i \times COF_i \times \frac{44}{12}$ 则被称为第 i 种能源的二氧化碳排放系数,其中 44 是一个碳原子和两个氧原子结合形成二氧化碳分子的相对质量,而 12 则是一个碳原子的相对质量。[①]

表 3-1 列出了各类化石能源燃烧的二氧化碳排放指标,包括含碳量、燃烧热值、碳氧化率、碳排放系数及二氧化碳排放系数。从表中可以看出,1 吨原煤的燃烧会排放约 1.647 吨二氧化碳,而 1 吨焦炭的燃烧会排放 2.848 吨二氧化碳,这是因为焦炭的热值要远高于原煤,且焦炭的碳含量也稍高于原煤。汽油、煤油、柴油、燃料油的二氧化碳排放系数相对接近,1 吨油品的燃烧大致会排放 3.1 吨左右的二氧化碳气体。值得指出的是,油品类能源的含碳量虽然低于原煤和焦炭,但是燃烧产生的热值要远远高于前者,因此,油品类能源的二氧化碳系数要高于煤炭类能源的排放系数。天然气由于是气体,其计量单位和煤炭及石油有所区别。从表中可以看出,1 亿立方米天然气的燃烧会产生 21.67 吨二氧化碳气体。如果从提供相同的热量所排放的二氧化碳量来看,单位天然气的排放量最小,石油次之,煤炭的排放量最大,因此天然气是相对清洁的能源类型,石油次之,而煤炭的污染则最大。

---

① 需要指出的是,本书估算的是二氧化碳的排放量,而不是碳排放量,两者有一定区别,但读者可以很容易地在两者之间进行换算。如果需要估算碳排放量,则只需将二氧化碳排放量除以 3.67 即可。

表 3-1 化石燃料燃烧的二氧化碳排放系数

	原煤	焦炭	汽油	煤油	柴油	燃料油	天然气
碳含量 (单位:吨 C/TJ)	27.28	29.41	18.90	19.60	20.17	21.09	15.32
热值数据 (单位:TJ/万吨、TJ/亿 m³)	178.24	284.35	448.00	447.50	433.30	401.90	3893.10
碳氧化率	0.923	0.928	0.980	0.986	0.982	0.985	0.990
碳排放系数 (单位:吨 C/吨、吨 C/亿 m³)	0.449	0.776	0.830	0.865	0.858	0.835	5.905
CO_2 排放系数 (单位:吨 CO_2/吨、吨 CO_2/亿 m³)	1.647	2.848	3.045	3.174	3.150	3.064	21.670

资料来源:IPCC(2006)以及国家发展改革委应对气候变化司(2014)。

3.3 估计结果

基于上述二氧化碳排放系数及各类化石能源消费数据,本书估计了中国 30 个省(自治区、直辖市)1997—2012 年的二氧化碳排放总量、人均二氧化碳排放量及二氧化碳排放强度,其中,西藏自治区由于数据不可得,没有估算在内,另外,台湾、香港、澳门等地区也未包含在内。值得指出的是,分省能源消费量最早可追溯到 1995 年,但是,由于重庆市在 1997 年以前隶属于四川省,1997 年才升格为直辖市,为统计口径的一致性,本书只估算了1997 年及以后年份各省(自治区、直辖市)的二氧化碳排放量。详细估计结果请参见附表 3-1A 至附表 3-4A。

3.3.1 二氧化碳排放总量

图 3-1 报告了 1997 年和 2012 年中国各省(自治区、直辖市)的二氧化碳排放总量情况。为了便于比较,根据 1997 年各省(自治区、直辖市)二氧化碳排放规模的大小对各省(自治区、直辖市)进行了排序。从图中可以清楚地看出,从 1997 年到 2012 年,所有省份的二氧化碳排放总量都呈现出大幅增长的趋势。从排放的绝对量来看,海南省一直是排放最小的省份,1997 年其排放总量为 619 万吨,到 2012 年则上升到 3471 万吨。1997 年,河北省是二氧化碳排放总量最大的省份,其排放量为 2.03 亿吨,但是到 2012 年,其排放

总量则排在第二位,约为 6.26 亿吨。2012 年排在第一位的是山东省,其排放总量为 7.69 亿吨。

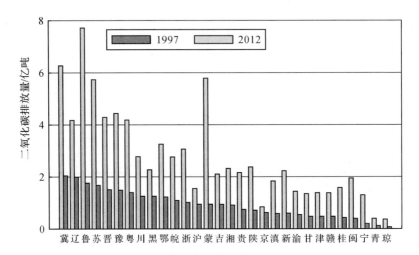

图 3-1　1997 年和 2012 年各省(自治区、直辖市)二氧化碳排放总量

值得注意的是,内蒙古自治区的二氧化碳排放总量增长较快,1997 年其排放总量仅为 0.9 亿吨,在所有省份中排第 14 位,但是到 2012 年,其排放总量已上升到 5.78 亿吨,在各省份中的排名上升到第 3 位。这一现象和内蒙古的资源禀赋、产业结构及西部大开发有直接关系。内蒙古自治区是中国煤炭储量最丰富的省份之一,国家规划的 14 个大型煤炭基地中,内蒙古就占了两个,即神东煤炭基地和蒙东煤炭基地。西部大开发(特别是 2002 年)以来,内蒙古的能源产业和高耗能产业获得飞速发展,最终导致了二氧化碳排放量也急速飞升。

图 3-2 进一步报告了 1997—2012 年各省(自治区、直辖市)二氧化碳排放总量的年均增长率。为了比较的方便,图中也对增长率按从大到小的顺序进行了排列。从图中可以看出,样本期间内,北京市的二氧化碳排放总量年均增长率是最低的,其年均增长率约为 2%,而宁夏回族自治区的年均增长率则是最高的,其年均增长率接近 14%。同样,宁夏回族自治区是煤炭资源富集的省份(境内有宁东煤炭基地),西部大开发以来,能源产业和高耗能产业也获得了快速发展,导致其二氧化碳排放量飞速上升。从图中可以进一步发现,二氧化碳排放总量年均增长率低于 5% 的省份仅有 3 个,除北京市外,还包括上海市和黑龙江省,其年均增长率分别为 3.52% 和 4.14%,而

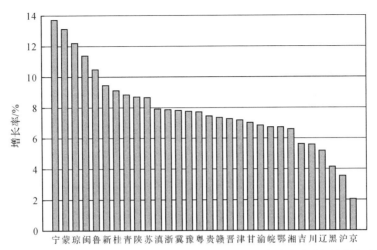

图 3-2　1997—2012 年各省(自治区、直辖市)二氧化碳排放总量年均增长率

年均增长率超过 10% 的省份则有 5 个,除宁夏回族自治区外,还包括海南省、山东省、福建省、内蒙古自治区,其年均增长率分别达到 12.18%、10.46%、11.37% 和 13.08%。

图 3-3 报告了 1997—2012 年全国二氧化碳排放总量的变动趋势。从图中可以看出,在样本区间内,中国的二氧化碳排放总量持续且大幅度增长,从 1997 年的 27.4 亿吨上升到 2012 年的 82.9 亿吨,15 年内二氧化碳排放总量增长了两倍有余,年均增长率达到 7.67% 左右。2013 年,中国的二氧化碳排放量已占全球二氧化碳排放总量的 29% 左右,超过了美国和欧盟的总和(美国约占 15%,欧盟占 10% 左右),位居世界第一[①]。值得指出的是,在不同的时间段内,中国的二氧化碳增长趋势有所区别。1997—2000 年,二氧化碳排放总量并没有大幅度增长,始终保持在 30 亿吨以下,但是从 2001 年开始,增长幅度开始快速提升,中间虽有所波动,但始终保持了较高的增速。这可能和 2000 年以来中国经济的持续快速增长有重要关系。

图 3-4 报告了东、中、西部三大地区 1997—2012 年的二氧化碳排放总量变动趋势。[②] 从图中可以看出,在样本区间内,三大地区的二氧化碳排放总

①　数据来源:中国情报网 2014 年 9 月 22 日,http://www. askci. comnews2014/09/22/15341iowp. shtml,2015 年 3 月 13 日登录。

②　按照国家发展改革委的划分,东部地区 11 个省(自治区、直辖市)包括北京、天津、河北、辽宁、上海、江苏、浙江、福建、山东、广东、海南;中部地区 8 个省(自治区、直辖市)包括黑龙江、吉林、山西、安徽、江西、河南、湖北、湖南;西部地区 12 个省(自治区、直辖市)包括四川、重庆、西藏、贵州、云南、陕西、甘肃、青海、宁夏、新疆、广西、内蒙古,其中,西藏由于数据的可获性问题,未纳入本书的分析范围。

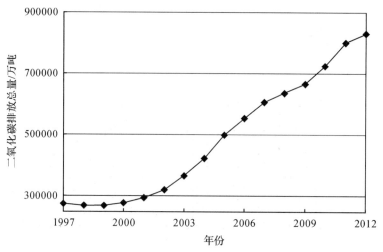

图 3-3　1997—2012 年全国二氧化碳排放总量变动趋势

量都持续且大幅度提升。东部地区从 1997 年的 12.2 亿吨增长到 2012 年的 37.1 亿吨，年均增长幅度达到 7.7％；中部地区从 1997 年的 8.7 亿吨增长到 2012 年的 22.7 亿吨，年均增长率接近 7％；而西部地区则从 1997 年的 6.4 亿吨，增长到 2012 年的 23.1 亿吨，年均增长率接近 9％。从排放的规模来看，东部地区的排放总量始终要高于中部和西部地区，而且地区之间的差距有进一步扩大的趋势，而中部地区的排放总量则要高于西部地区，但是两者之间的差距并不大，而且有逐渐缩小的趋势。到 2011 年，西部地区已经基本和中部地区持平，到 2012 年则进一步小幅超过了中部地区。

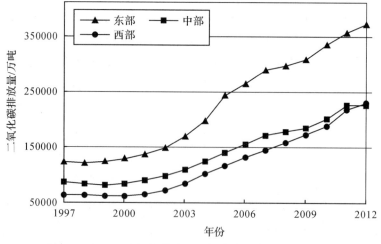

图 3-4　1997—2012 年分地区二氧化碳排放总量变动趋势

3.3.2　人均二氧化碳排放量

二氧化碳排放总量体现了一个国家或地区排放的总体规模,而人均排放量则剔除了人口规模因素,因此更能反映一个国家或地区的排放水平。

图 3-5 报告了 1997 年和 2012 年中国各省(自治区、直辖市)的人均二氧化碳排放量。为了便于比较,图中根据 1997 年人均二氧化碳排放规模从大到小对各省进行了排序。从图中可以看出,从 1997 年到 2012 年,除北京市以外所有省份的人均二氧化碳排放量都呈现出大幅增长的趋势。从人均排放的绝对量来看,1997 年,海南省是人均排放量最小的省份,其人均排放量仅为 0.83 吨,但是到 2012 年已上升到 3.91 吨。1997 年,上海市是人均二氧化碳排放量最大的省份,其人均排放量为 6.35 吨,其后虽有所增长,但是增幅不大,2012 年其人均排放量为 6.54 吨。2012 年人均排放量排在第一位的是内蒙古自治区,其人均排放量为 23.23 吨,而人均排放量最小的则是江西省,其排放量为 3.03 吨。值得注意的是,内蒙古自治区和宁夏回族自治区的人均二氧化碳排放量增长远超其他省份,而北京市的人均排放量则从 1997 年的 4.97 吨下降到 2012 年的 4.04 吨。

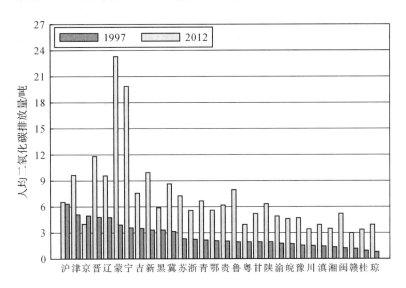

图 3-5　1997 年和 2012 年各省(自治区、直辖市)人均二氧化碳排放量

图 3-6 进一步报告了 1997—2012 年各省(自治区、直辖市)人均二氧化碳排放量的年均增长率情况。为了比较的方便,图中也对年均增长率按递

减顺序进行了排列。从图中可以看出,在样本期间内,北京市是30个省(自治区、直辖市)中唯一一个人均二氧化碳排放量年均增长率为负的省份,其年均增长率为-1.38%左右。上海市的年均增长率虽然是正的,但是要远小于其他省份,其年均增长率约为0.19%。内蒙古自治区的年均增长率则是最高的,其年均增长率达到12.57%左右。值得指出的是,年均增长率低于5%的省份仅北京市和上海市两个,而年均增长率超过10%的省份则有4个,除内蒙古自治区外,还包括福建省、海南省、宁夏回族自治区,年均增长率分别达到10.39%、10.86%和12.19%。

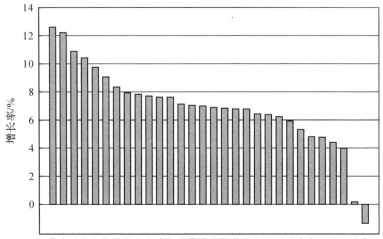

3-6 1997—2012年各省(自治区、直辖市)人均二氧化碳排放年均增长率

图3-7报告了1997—2012年全国人均二氧化碳排放量的动态变动趋势。从图中可以看出,在样本区间内,中国的人均二氧化碳排放量保持了较大幅度的持续增长。1997年,中国的人均二氧化碳排放量仅为2.61吨,但是到2012年,人均二氧化碳排放量已上升到7.05吨,15年内增长了近两倍,年均增长率达到6.8%左右。值得指出的是,不同的时间区间内,中国的人均二氧化碳排放量增长趋势存在较大的区别。1997年至2000年间,中国的人均二氧化碳排放量基本保持在一个较为平稳的水平,甚至有微小幅度的下降。但是,从2001年开始,增长幅度开始大幅度提升,特别是2003年至2008年期间,其增长幅度最大。2008年至2010年期间,人均排放量增幅略有下降,但是2011年又出现大幅度蹿升,此后则保持了一个相对平缓的趋势。人均二氧化碳排放量的动态变动趋势,既和整体经济发展情况有关,也

和国家的节能减排政策及低碳发展政策有显著的关系。

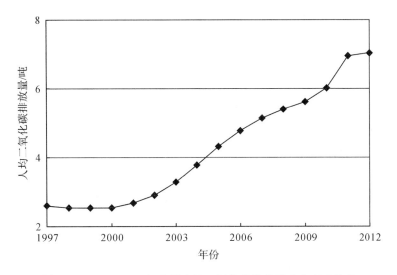

图 3-7　1997—2012 年全国人均二氧化碳排放量动态变动趋势

图 3-8 报告了东、中、西部三大地区 1997—2012 年的人均二氧化碳排放
量变动趋势。从图中可以看出,在样本区间内,三大地区的人均二氧化碳排
放量都持续大幅度增长,但是各地区的增长幅度有所区别。东部地区从
1997 年的 3.15 吨增长到 2012 年的 6.56 吨,年均增长幅度为 5% 左右;中部
地区从 1997 年的 2.43 吨增长到 2012 年的 5.83 吨,年均增长率约为 6% 左

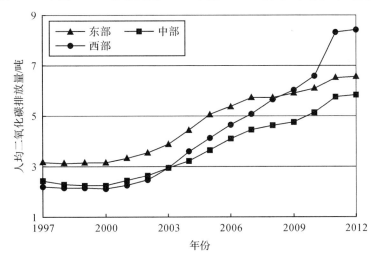

图 3-8　1997—2012 年分地区人均二氧化碳排放量变动趋势

右;西部地区则从 1997 年的 2.21 吨,增长到 2012 年的 8.44 吨,年均增长率达到 9.3% 左右,远超东部和中部地区。同样,在不同的时间区间内,各地区的增长模式也有所不同。

从图中可以看出,1997—2000 年期间,三大地区的人均二氧化碳排放量都维持在一个较为平稳的水平,东部地区稍有增长,而中西部地区甚至稍有降低。然而,2000 年以后,三大地区的人均二氧化碳排放量则全部呈现出大幅度增长的态势,其中,东部和中部地区大致维持了平行的增长趋势,而西部地区则后来者居上,不但在 2003 年超过了中部地区,而且在 2008 年进一步超过了东部地区。三大地区人均二氧化碳排放量的普遍增长和经济增长有密切关系,特别是西部大开发以后,东部地区的重工业和高能耗产业大量往西部地区转移,而且由于西部地区的能源资源较为丰富,西部各地方政府往往将能源产业作为支柱产业,而能源的消耗是二氧化碳的主要来源,在人口没有大幅增长的情况下,最终导致西部地区人均二氧化碳排放量的飞速上升。

3.3.3　二氧化碳排放结构

二氧化碳排放结构反映了不同类型能源所排放的二氧化碳的多少,一般用百分比表示。通过排放结构的分析,可以清楚地看到中国二氧化碳的来源。

图 3-9 报告了 1997—2012 年全国二氧化碳排放的来源结构,即不同类

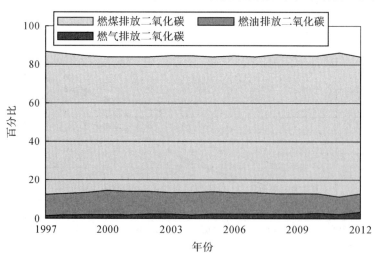

图 3-9　1997—2012 年中国二氧化碳排放结构

型能源燃烧所排放的二氧化碳的比例(更为详细的数据请参考附表 3-3A)。虽然本书在最初估计二氧化碳排放量时将能源分为七种类型,但是为了分析的方便及图例的整洁性,我们进一步将能源类型归并为三类:原煤和焦炭归为一类,即煤炭类;汽油、煤油、柴油、燃料油归为一类,即石油类;天然气单独归为一类,即天然气类。我们将主要分析这三类能源燃烧所排放的二氧化碳的比例情况。

从图 3-9 可以看出,煤炭类能源的燃烧一直是中国二氧化碳排放的主要来源,其排放的比重稳定地保持在 83%～86%;石油类能源的燃烧是中国二氧化碳排放的第二大来源,其排放比重基本维持在 11%～14%,其中大部分年份的排放比重为 13%;天然气类能源排放的二氧化碳比重则相对较小,大部分年份维持在 1%～3%。从各类能源二氧化碳排放比例的变动趋势来看,虽然三种类型能源的排放比例基本上没有大的变化,但是仍然可以看出,煤炭类二氧化碳的排放比例稍有下降,从 1997 年的 86% 左右,下降到 2012 年的 84% 左右;石油类二氧化碳排放比例稍有上升,从 1997 年的 12% 上升到 2012 年的 13%;天然气类的二氧化碳排放比例也有所上升,从 1997 年的不到 2% 上升到 2012 年的 3% 左右。

以煤炭为主的二氧化碳排放结构与中国的能源资源禀赋和能源消费结构有直接关系。中国是一个"多煤、缺油、少气"的国家,这决定了中国的能源消费结构必然以煤炭为主,以石油和天然气为辅。图 3-10 报告了全国

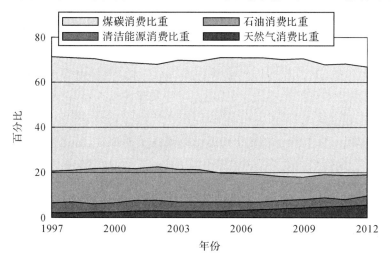

图 3-10　1997—2012 年中国能源消费结构

1997—2012 年能源消费结构的变动情况。图中主要考虑了四种能源类型,除煤炭、石油、天然气三种类型外,又加入了清洁能源的消费比重。

从图中可以看出,煤炭在中国的能源消费结构中占据绝对主导地位,在样本区间内,中国煤炭的消费比重基本上维持在 70% 左右,虽然近年来该比重有所下降,但是到 2012 年,全国煤炭的消费比重仍然占到 67% 左右。石油在中国的能源消费结构中占据第二位,约占 20% 左右。从总体趋势看,近几年来石油消费比重有所下降,但降幅不大。1997 年,全国的石油消费比重超过 20%,到 2012 年下降为略低于 19%。中国的天然气消费比重一直不大,但是呈现出缓慢上升的趋势。1997 年,全国天然气消费比重仅为 1.8% 左右,到 2012 年,已上升到 5.2% 左右。随着国际天然气进口的增加以及"西气东输"步伐的加快,估计天然气消费比重仍将有所上涨。此外,水电、核电、风电等清洁能源也在中国的能源消费结构中占有一定的比例,而且呈现出不断上升的趋势。1997 年,全国清洁能源的消费比重为 5% 左右,到 2012 年,已上升到 9.4% 左右。煤炭燃烧的二氧化碳排放量是石油燃烧排放量的 1.2 倍,是天然气燃烧排放量的 1.6 倍,而清洁能源则不排放二氧化碳(Zhang,2000)。因此,以煤炭为主的能源消费结构必然导致二氧化碳的排放也主要来自于煤炭的燃烧。

图 3-11 报告了 1997—2012 年东部地区的二氧化碳排放结构变动情况。从图中可以看出,煤炭燃烧也是东部地区二氧化碳排放的主要来源,其比重基本稳定在 81% 左右,但是 2011 年一度上升到接近 85%。从总体来看,东部地区煤炭燃烧排放二氧化碳的比例要略低于全国的平均水平,这可能和东部地区缺乏煤炭资源、远离煤炭开采基地有关。值得注意的是,虽然东部地区煤炭燃烧直接排放的二氧化碳比重相对较低,但是因煤炭燃烧而间接排放的二氧化碳可能并不低。事实上,西部大开发以来,西部地区利用能源资源优势,建立了大量"西电东送"的能源基地,这部分东送的电力满足了东部地区的能源需求,但是二氧化碳的排放留在了西部地区,这在一定程度上拉低了东部地区煤炭燃烧排放二氧化碳的比例。石油燃烧是东部地区二氧化碳排放的第二大来源,其比重也相对较为稳定,主要在 16%～18% 波动,虽然 2011 年曾一度下降到 13% 左右,但随后又迅速恢复到 16% 左右的水平。东部地区石油燃烧排放的二氧化碳比例要高于全国的平均水平,这可能和东部地区经济较为发达、汽车拥有量相对较多有直接的关系。东部地区因天然气消费而排放的二氧化碳比例相对较低,和全国平均水平基本一

致,大致在 1%～2%。

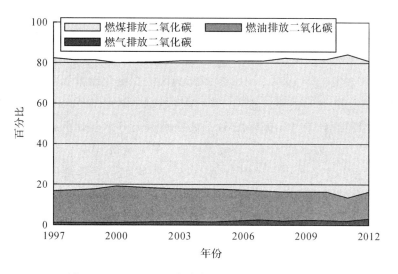

图 3-11 1997—2012 年东部地区二氧化碳排放结构

图 3-12 报告了 1997—2012 年中部地区的二氧化碳排放结构变动趋势。从图中可以看出,煤炭燃烧是中部地区二氧化碳排放的主要来源,其比重基本保持在 88% 以上,1997 年甚至高达 90% 以上,虽然此后该比例有所下降,但下降的幅度并不大。到 2012 年,中部地区煤炭燃烧排放二氧化碳比重仍然高达 87%,高于全国平均水平。石油燃烧是中部地区二氧化碳排放的第

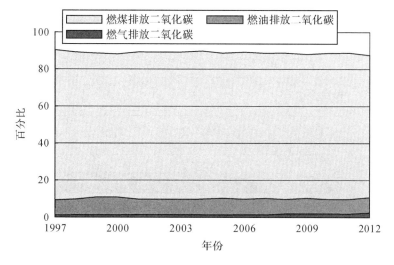

图 3-12 1997—2012 年中部地区二氧化碳排放结构

二大来源，其比重也相对较为稳定，大致维持在 10％左右的水平，远低于东部地区水平，同时也低于全国平均水平。中部地区天然气消费排放的二氧化碳比例与全国平均水平及东部地区水平基本相似，但近年来略有上升，2012 年该比例大致在 2％左右。

图 3-13 报告了 1997—2012 年西部地区的二氧化碳排放结构情况。从图中可以看出，和其他两个地区一样，煤炭燃烧也是西部地区二氧化碳排放的主要来源，其比重基本保持在 84％左右，但是近年来该比例有一定幅度的下降。1997 年，西部地区煤炭燃烧排放的二氧化碳比重高达 88％，此后在波动中下降，到 2012 年已下降到 84％左右。总体而言，西部地区煤炭燃烧排放的二氧化碳和全国平均水平基本相似。石油燃烧是西部地区二氧化碳排放的第二大来源，其比重大致稳定在 10％左右，在样本区间内基本没有较大幅度的变化。总体而言，西部地区石油燃烧排放的二氧化碳比例远低于东部地区水平，也略低于全国平均水平，但是和中部地区持平。西部地区因天然气消费而排放的二氧化碳比例在全国是最高的，基本维持在 4％～5％，要远高于其他两个地区和全国平均水平。这主要是因为中国的天然气资源90％以上分布在西部地区，在大规模天然气输气管网形成之前，西部地区天然气主要局限于西部地区使用。可以预见，随着西部大开发的推进和"西气东输"战略的实施，中部和东部地区的天然气使用比例也将稳步提高。

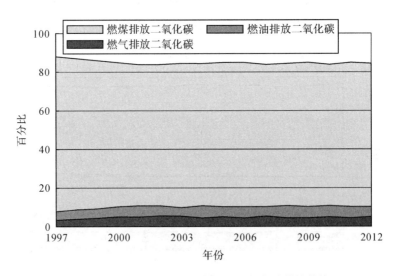

图 3-13　1997—2012 年西部地区二氧化碳排放结构

3.3.4 二氧化碳排放强度

一个国家或地区二氧化碳的排放总量,除了和人口、能源消费结构有关外,也和经济发展有很大关系。在一段时期内,由于经济的发展和能源消费往往存在长期而稳定的内在关系,因此,经济的增长往往意味着能源消费量的增加,进而意味着二氧化碳排放量的增加(林伯强,2003)。一个可以较好地将二氧化碳排放量和经济发展水平联系起来的指标是二氧化碳排放强度,该指标是二氧化碳排放总量和该地区生产总值的比率,反映了一个国家或地区单位产出所排放的二氧化碳量。二氧化碳排放强度指标在比较不同经济发展水平地区的二氧化碳排放情况时是一个较好的指标,常被用于衡量不同地区二氧化碳排放的效率。

图 3-14 报告了 1997—2012 年全国及三大地区二氧化碳排放强度变动情况(更具体的数据请参考附表 3-4A)。从图中可以看出,全国及三大地区的二氧化碳排放强度总体上是不断下降的,虽然中间有所起伏和变动。1997 年,全国的二氧化碳排放强度是 4.41 吨/万元,到 2012 年下降为 2.86 吨/万元,下降了近一半。1997 年,东部地区的二氧化碳排放强度是 2.96 吨/万元,到 2012 年下降为 1.64 吨/万元。中部地区的二氧化碳强度在 1997 年是 4.72 吨/万元,到 2012 年则下降为 2.48 吨/万元。西部地区的二氧化碳强度在 1997 年是 5.64 吨/万元,到 2012 年下降为 4.35 吨/万元。总

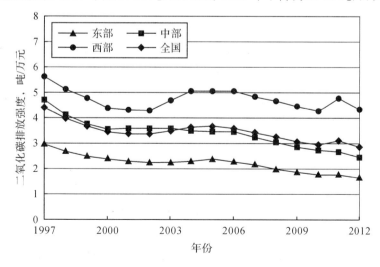

图 3-14　1997—2012 年全国及分地区二氧化碳排放强度

体而言,东部地区的二氧化碳排放强度一直是三大地区中最低的,而西部地区则一直是最高的,中部地区则介于两者之间,这一排序和三大地区的经济发展水平是相符的。值得指出的是,东部和西部地区的二氧化碳排放强度是平缓下降的,但是西部地区则经历了较大的起伏,在 2002—2006 年及 2011 年,西部地区的二氧化碳排放强度一度有所上升,这可能和西部大开发及西部地区经济的发展阶段有重要关系。

3.4　本章小结

本章对中国 30 个省(市、自治区)1997—2012 年由于化石燃料燃烧排放的二氧化碳进行了估计。在估计的过程中,总共考虑了三类化石能源,即煤炭类、石油类和天然气类,其中,煤炭类能源又被细分为原煤和焦炭两类,石油类能源则进一步被细分为汽油、煤油、柴油、燃料油四类。

从二氧化碳的排放总量来看,从 1997 年到 2012 年,中国的二氧化碳排放总量呈现出大幅度持续增长的趋势,但是不同区域的排放量和增长趋势有所不同。东部地区的二氧化碳排放量要远高于中部和西部地区,而且增长速度也要快于中、西部地区。从人均二氧化碳排放量来看,1997—2012年,中国的人均二氧化碳排放量也呈现出持续快速增长的趋势,但是,西部地区的增长要高于中部和东部地区。

从二氧化碳排放的结构来看,煤炭燃烧是中国二氧化碳排放的最主要来源,1997—2012 年,煤炭燃烧产生的二氧化碳比重始终占到 80% 以上,而排在第二位的石油燃烧产生的二氧化碳占比要小得多,基本上维持在 11% 左右,而排在第三位的天然气燃烧产生的二氧化碳比重则不到 3%。从地区的二氧化碳排放结构来看,东部地区的煤炭二氧化碳排放比重要略小于全国的比重,中部地区则要高于全国的比重,而西部地区则和全国水平基本持平;东部地区的石油排放二氧化碳比重要高于全国水平,占到 16% 左右,而中、西部地区则要远低于东部,仅为 10% 左右;西部地区的天然气消费排放二氧化碳比重在全国最高,达到 5% 左右,而东部和中部地区则要低得多,仅为 2% 左右。

从二氧化碳排放的强度来看,1997—2012 年,中国的二氧化碳排放强度是不断下降的,从 1997 年的 4.41 吨/万元降到 2012 年的 2.86 吨/万元,下降了近一半,预示着中国二氧化碳排放效率不断提高的趋势。从区域差别来看,样本期间内,东部地区的二氧化碳排放强度始终要低于中部地区,而中部地区的二氧化碳排放强度则始终要低于西部地区。这一差别和三大地区的经济发展水平基本相符。从下降的趋势来看,东部和中部地区的二氧化碳排放强度都处于持续下降当中,但是,西部地区呈现出起伏波动的趋势,在部分年份甚至出现二氧化碳排放强度不降反升的态势。

本章附录

附表 3-1A 1997—2012 年各省（自治区、直辖市）二氧化碳排放总量

二氧化碳排放总量（单位：亿吨）

省（自治区、直辖市）	1997	1998	1999	2000	2001	2002	2003	2004	2005	2006	2007	2008	2009	2010	2011	2012	年均增长率
北京	0.6	0.6	0.6	0.6	0.7	0.6	0.7	0.8	0.8	0.9	0.9	0.8	0.8	0.9	0.8	0.8	2.05
天津	0.5	0.5	0.5	0.5	0.6	0.6	0.6	0.8	0.8	0.9	1.0	1.0	1.1	1.2	1.3	1.4	7.18
河北	2.0	1.9	2.0	2.1	2.3	2.5	2.9	3.3	4.1	4.4	4.7	4.9	5.1	5.5	6.2	6.3	7.80
山西	1.5	1.5	1.4	1.5	1.8	2.2	2.4	2.5	2.6	2.9	3.1	3.4	3.4	3.7	4.0	4.3	7.22
内蒙古	0.9	0.8	0.9	1.0	1.1	1.2	1.4	2.0	2.3	2.8	3.2	3.9	4.2	4.5	5.6	5.8	13.08
辽宁	2.0	1.7	1.6	1.8	1.8	1.8	2.0	2.1	2.6	2.8	3.1	3.0	3.2	3.7	4.0	4.2	5.17
吉林	0.9	0.8	0.8	0.8	0.8	0.9	0.9	1.0	1.3	1.5	1.5	1.6	1.6	1.8	2.1	2.1	5.60
黑龙江	1.2	1.1	1.1	1.1	1.1	1.1	1.2	1.3	1.4	1.6	1.6	1.7	1.7	1.9	2.1	2.3	4.14
上海	0.9	0.9	1.0	1.0	1.1	1.1	1.2	1.3	1.4	1.4	1.5	1.5	1.5	1.7	1.8	1.6	3.52
江苏	1.6	1.6	1.7	1.7	1.8	1.9	2.1	2.7	3.4	3.8	4.1	4.2	4.3	4.8	5.6	5.7	8.63
浙江	1.0	1.0	1.0	1.1	1.2	1.3	1.5	1.8	2.1	2.4	2.8	2.8	2.8	3.0	3.1	3.1	7.84
安徽	1.0	1.0	1.1	1.1	1.2	1.3	1.4	1.4	1.5	1.6	1.8	2.0	2.2	2.4	2.6	2.8	6.69
福建	0.4	0.4	0.5	0.5	0.5	0.6	0.7	0.9	1.1	1.2	1.4	1.4	1.6	1.7	2.0	1.9	11.37
江西	0.5	0.4	0.4	0.5	0.5	0.5	0.6	0.7	0.8	0.9	1.0	1.0	1.0	1.2	1.4	1.4	7.34
山东	1.7	1.9	1.8	1.6	2.0	2.2	2.8	3.4	4.9	5.3	5.9	6.3	6.4	6.9	7.1	7.7	10.46
河南	1.5	1.5	1.5	1.5	1.7	1.8	2.0	2.6	2.9	3.5	3.9	3.9	4.0	4.2	4.8	4.4	7.72

续表

二氧化碳排放总量（单位：亿吨）

省（自治区、直辖市）	1997	1998	1999	2000	2001	2002	2003	2004	2005	2006	2007	2008	2009	2010	2011	2012	年均增长率
湖北	1.2	1.2	1.2	1.2	1.2	1.3	1.5	1.6	1.8	2.0	2.2	2.2	2.4	2.7	3.2	3.2	6.69
湖南	0.9	0.9	0.7	0.7	0.8	0.9	1.0	1.2	1.7	1.9	2.0	2.0	2.1	2.2	2.4	2.3	6.57
广东	1.4	1.4	1.5	1.7	1.7	1.9	2.2	2.5	2.9	3.2	3.5	3.3	3.5	3.9	3.2	4.2	7.69
广西	0.4	0.4	0.4	0.5	0.5	0.5	0.6	0.7	0.9	0.9	1.1	1.0	1.2	1.3	1.5	1.6	9.09
海南	0.1	0.1	0.1	0.1	0.1	0.1	0.1	0.2	0.1	0.2	0.2	0.2	0.2	0.3	0.3	0.3	12.18
重庆	0.5	0.6	0.6	0.6	0.6	0.6	0.6	0.6	0.7	0.8	0.9	1.1	1.2	1.2	1.4	1.4	6.84
四川	1.2	1.2	1.1	1.0	1.0	1.2	1.5	1.7	1.6	1.8	2.0	2.2	2.5	2.6	2.6	2.8	5.57
贵州	0.7	0.8	0.8	0.8	0.8	0.9	1.1	1.3	1.4	1.6	1.7	1.6	1.8	1.8	2.0	2.1	7.44
云南	0.6	0.5	0.5	0.5	0.6	0.7	0.8	0.8	1.3	1.4	1.5	1.5	1.7	1.7	1.8	1.8	7.90
陕西	0.7	0.6	0.6	0.6	0.6	0.7	0.8	1.0	1.1	1.2	1.3	1.5	1.7	2.0	2.2	2.4	8.65
甘肃	0.5	0.5	0.5	0.5	0.5	0.5	0.6	0.7	0.8	0.8	0.9	1.0	0.9	1.1	1.3	1.3	7.01
青海	0.1	0.1	0.1	0.1	0.1	0.1	0.2	0.2	0.2	0.2	0.2	0.3	0.3	0.3	0.3	0.4	8.84
宁夏	0.2	0.2	0.2	0.2	0.2	0.2	0.4	0.5	0.5	0.6	0.6	0.7	0.7	0.9	1.5	1.3	13.69
新疆	0.6	0.6	0.6	0.6	0.6	0.6	0.7	0.8	0.9	1.0	1.1	1.2	1.4	1.5	1.8	2.2	9.46
东部	12.2	12.0	12.3	12.9	13.6	14.8	16.8	19.6	24.2	26.4	28.9	29.6	30.7	33.4	35.6	37.1	7.7
中部	8.7	8.4	8.2	8.4	9.1	9.9	11.0	12.4	13.9	15.8	17.2	17.9	18.5	20.1	22.6	22.7	6.6
西部	6.4	6.4	6.2	6.3	6.6	7.3	8.6	10.3	11.8	13.2	14.6	16.0	17.4	18.9	22.0	23.1	8.9
全国	27.4	26.8	26.8	27.6	29.4	31.9	36.4	42.3	49.9	55.4	60.7	63.4	66.6	72.4	80.1	82.9	7.7

附表 3-2A　1997—2012 年各省（自治区、直辖市）人均二氧化碳排放量

省（自治区、直辖市）	人均二氧化碳排放量（单位：吨）																年均增长率
	1997	1998	1999	2000	2001	2002	2003	2004	2005	2006	2007	2008	2009	2010	2011	2012	
北京	4.97	4.98	4.88	4.58	4.71	4.50	4.66	5.16	5.27	5.47	5.63	4.89	4.75	4.46	4.08	4.04	-1.38
天津	5.06	5.12	5.17	5.46	5.58	5.95	6.07	7.48	7.88	8.23	8.59	8.48	8.84	9.10	9.76	9.65	4.40
河北	3.11	2.94	3.07	3.16	3.36	3.77	4.33	4.87	6.04	6.39	6.71	7.07	7.23	7.70	8.58	8.58	7.01
山西	4.78	4.62	4.50	4.47	5.57	6.62	7.38	7.60	7.71	8.48	9.24	9.92	10.04	10.41	11.16	11.83	6.23
内蒙古	3.93	3.62	3.81	4.14	4.54	4.98	5.91	8.28	9.78	11.65	13.28	16.00	17.20	18.30	22.73	23.23	12.57
辽宁	4.74	3.98	3.85	4.31	4.30	4.37	4.82	4.96	6.08	6.63	7.22	6.94	7.50	8.45	9.24	9.52	4.76
吉林	3.48	2.95	2.96	2.82	3.04	3.17	3.51	3.80	4.78	5.33	5.64	5.87	5.99	6.62	7.58	7.53	5.28
黑龙江	3.27	3.01	2.96	3.07	2.85	2.83	3.10	3.31	3.68	4.07	4.31	4.55	4.44	4.84	5.46	5.87	3.98
上海	6.35	6.41	6.53	6.12	6.63	6.79	6.87	7.46	7.83	7.91	8.19	8.10	8.04	7.41	7.54	6.54	0.19
江苏	2.31	2.30	2.34	2.32	2.39	2.56	2.84	3.60	4.60	5.02	5.34	5.48	5.60	6.14	7.05	7.21	7.89
浙江	2.24	2.21	2.30	2.36	2.61	2.80	3.11	3.79	4.29	4.88	5.45	5.41	5.43	5.43	5.73	5.62	6.34
安徽	1.71	1.64	1.67	1.84	1.90	1.99	2.21	2.18	2.41	2.68	2.94	3.30	3.67	4.01	4.38	4.61	6.85
福建	1.17	1.25	1.38	1.42	1.45	1.75	2.09	2.47	3.11	3.39	3.84	4.01	4.44	4.53	5.38	5.17	10.39
江西	1.14	1.07	1.03	1.10	1.19	1.25	1.49	1.74	1.92	2.03	2.23	2.28	2.33	2.76	3.07	3.03	6.75
山东	1.97	2.10	2.08	1.80	2.21	2.47	3.03	3.71	5.25	5.64	6.26	6.69	6.77	7.15	7.39	7.94	9.74
河南	1.57	1.56	1.56	1.67	1.74	1.85	2.03	2.68	3.04	3.75	4.14	4.13	4.17	4.51	5.10	4.71	7.59
湖北	2.08	2.04	2.07	2.04	2.04	2.20	2.48	2.70	3.11	3.48	3.88	3.90	4.19	4.79	5.50	5.59	6.81

续表

人均二氧化碳排放量（单位：吨）

省（自治区、直辖市）	1997	1998	1999	2000	2001	2002	2003	2004	2005	2006	2007	2008	2009	2010	2011	2012	年均增长率
湖南	1.38	1.38	1.09	1.04	1.20	1.30	1.47	1.79	2.70	2.96	3.21	3.11	3.23	3.29	3.71	3.49	6.38
广东	1.94	2.02	2.10	1.92	2.24	2.41	2.75	2.98	3.10	3.40	3.66	3.51	3.67	3.69	3.08	3.92	4.81
广西	0.92	0.92	0.92	1.04	0.99	1.00	1.16	1.52	1.83	1.96	2.23	2.17	2.38	2.91	3.25	3.37	9.02
海南	0.83	0.92	0.97	1.00	1.06	1.46	1.85	2.18	1.80	1.99	2.19	2.37	2.53	2.90	3.76	3.91	10.86
重庆	1.75	1.87	2.00	2.05	1.82	2.01	1.78	1.97	2.66	2.88	3.13	3.90	4.06	4.31	4.89	4.87	7.07
四川	1.46	1.41	1.23	1.20	1.19	1.37	1.73	1.94	2.01	2.20	2.46	2.71	3.00	3.17	3.19	3.43	5.87
贵州	2.01	2.15	2.08	2.28	2.14	2.22	2.77	3.22	3.80	4.37	4.42	4.16	4.63	5.09	5.69	6.11	7.68
云南	1.42	1.32	1.24	1.18	1.34	1.56	1.92	1.83	2.86	3.18	3.40	3.30	3.65	3.76	3.88	3.91	6.98
陕西	1.92	1.79	1.60	1.53	1.70	1.93	2.13	2.68	3.06	3.30	3.60	4.03	4.51	5.29	5.92	6.34	8.29
甘肃	1.93	1.90	1.89	1.98	2.02	2.10	2.41	2.74	2.96	3.11	3.42	3.62	3.50	4.27	4.90	5.15	6.77
青海	2.15	2.10	2.47	2.11	2.55	2.67	3.08	3.27	3.50	4.29	4.46	5.19	5.35	5.05	5.69	6.64	7.80
宁夏	3.54	3.36	3.35	2.92	3.34	3.95	6.14	7.98	8.67	9.73	10.34	11.75	11.85	13.74	23.36	19.86	12.19
新疆	3.32	3.32	3.17	3.11	3.28	3.37	3.66	4.18	4.40	4.85	5.33	5.64	6.46	6.77	8.08	9.90	7.57
东部	3.15	3.11	3.15	3.13	3.32	3.53	3.86	4.42	5.02	5.36	5.73	5.72	5.89	6.09	6.51	6.56	5.0
中部	2.43	2.28	2.23	2.26	2.44	2.65	2.96	3.23	3.67	4.10	4.45	4.63	4.76	5.15	5.75	5.83	6.0
西部	2.21	2.16	2.16	2.14	2.27	2.47	2.97	3.60	4.14	4.68	5.10	5.68	6.05	6.61	8.33	8.44	9.3
全国	2.61	2.54	2.54	2.54	2.70	2.91	3.29	3.80	4.34	4.78	5.16	5.42	5.65	6.03	6.97	7.05	6.8

附表 3-3A 1997—2012 年分地区二氧化碳排放结构

（单位：%）

年份	地区	煤炭排放	石油排放	天然气排放	年份	地区	煤炭排放	石油排放	天然气排放
1997	全国	86.30	12.20	1.50	1997	中部	90.03	9.04	0.93
1998	全国	85.38	13.02	1.60	1998	中部	89.34	9.68	0.97
1999	全国	84.61	13.69	1.71	1999	中部	88.42	10.58	1.00
2000	全国	83.73	14.46	1.81	2000	中部	88.33	10.66	1.02
2001	全国	83.86	14.23	1.91	2001	中部	89.33	9.71	0.96
2002	全国	84.09	13.91	2.00	2002	中部	89.30	9.81	0.89
2003	全国	84.46	13.49	2.05	2003	中部	89.39	9.74	0.87
2004	全国	84.45	13.63	1.91	2004	中部	89.56	9.59	0.85
2005	全国	84.09	13.92	1.99	2005	中部	88.66	10.32	1.02
2006	全国	84.30	13.53	2.17	2006	中部	88.97	9.92	1.11
2007	全国	84.07	13.40	2.53	2007	中部	88.67	10.11	1.22
2008	全国	84.68	13.05	2.27	2008	中部	88.78	9.89	1.33
2009	全国	84.40	13.15	2.45	2009	中部	88.31	10.32	1.37
2010	全国	84.19	13.16	2.65	2010	中部	88.57	9.90	1.53
2011	全国	85.78	11.66	2.56	2011	中部	88.54	9.85	1.61
2012	全国	83.78	13.10	3.12	2012	中部	87.31	10.61	2.09
1997	东部	82.57	16.60	0.83	1997	西部	88.32	8.15	3.53

年份	地区	煤炭排放	石油排放	天然气排放
1998	西部	87.02	9.10	3.88
1999	西部	86.03	9.62	4.35
2000	西部	84.80	10.65	4.55
2001	西部	83.91	11.09	5.00
2002	西部	83.74	11.07	5.19
2003	西部	84.74	10.12	5.14
2004	西部	84.51	11.02	4.47
2005	西部	85.02	10.34	4.64
2006	西部	85.05	10.42	4.53
2007	西部	84.12	10.80	5.08
2008	西部	84.60	10.90	4.50
2009	西部	84.90	10.81	4.29
2010	西部	83.72	11.27	5.01
2011	西部	84.95	10.58	4.47
2012	西部	84.74	10.65	4.60

年份	地区	煤炭排放	石油排放	天然气排放
1998	东部	81.75	17.41	0.84
1999	东部	81.34	17.82	0.84
2000	东部	80.21	18.81	0.98
2001	东部	80.18	18.77	1.04
2002	东部	80.79	18.05	1.16
2003	东部	81.08	17.68	1.24
2004	东部	81.19	17.56	1.25
2005	东部	81.01	17.72	1.27
2006	东部	81.14	17.24	1.62
2007	东部	81.29	16.67	2.03
2008	东部	82.25	16.12	1.63
2009	东部	81.77	16.18	2.05
2010	东部	81.82	16.19	1.99
2011	东部	84.55	13.47	1.98
2012	东部	81.02	16.15	2.82

附表 3-4A 1997—2012 年全国及分地区二氧化碳排放强度

（单位：吨/万元）

年份	全国	东部	中部	西部
1997	4.41	2.96	4.72	5.64
1998	3.96	2.66	4.13	5.15
1999	3.68	2.48	3.78	4.80
2000	3.44	2.38	3.54	4.42
2001	3.38	2.27	3.60	4.32
2002	3.35	2.23	3.58	4.30
2003	3.51	2.25	3.61	4.71
2004	3.63	2.30	3.51	5.05
2005	3.66	2.37	3.48	5.08
2006	3.61	2.27	3.44	5.08
2007	3.43	2.16	3.26	4.82
2008	3.26	1.97	3.05	4.68
2009	3.08	1.85	2.85	4.46
2010	2.95	1.79	2.74	4.27
2011	3.13	1.76	2.70	4.81
2012	2.86	1.64	2.48	4.35

第 4 章

二氧化碳排放的影响因素及排放趋势[①]

4.1 引 言

大量的科学证据表明,人类活动排放的温室气体是全球变暖的主要原因。Stern(2007)警告说,如果不采取行动来减少排放,气候变化带来的总成本和风险将至少相当于全球每年 GDP 的 5% 的损失。随着工业化和城市化的推进,中国的能源消费和二氧化碳排放在过去几年里快速增长。2009年,中国的能源消费总量达到 29 亿吨标准煤,而二氧化碳排放总量则达到 77 亿吨。[②] 作为最大的二氧化碳排放国之一,中国已成为全球碳减排的焦点。因此,以下问题亟待研究解决:影响中国二氧化碳排放的主要因素是什么? 在可预见的未来,中国的二氧化碳排放趋势如何? 减排潜力有多大?

以往有关中国二氧化碳排放的建模和预测的研究,几乎全部是基于国家水平的时间序列数据或产业水平的横截面数据,只有极少数研究基于面板数据模型。相比于传统的横截面数据和时间序列数据研究,面板数据模型具有一些重要的优势。面板数据通常可以为研究者提供更多的数据观察值。更重要的是,面板数据模型能够在回归模型中引入个体效应,从而提高估计的有效性(Baltagi,2005;Hsiao,2003)。许多已有研究在研究国际二

[①] 本章主要内容已在英文期刊 *China Economic Review* 上发表,详情请参见 Du、Wei 和 Cai (2012)[57],作者在原文基础上有较大修正和扩展。

[②] 中国能源消费的数据取自中国能源统计年鉴 2010,二氧化碳排放的数据取自美国能源信息署(EIA),网址:http://www.eia.gov/environment/data.cfm。

氧化碳排放时，应用了跨国面板数据模型，例如 Holtz-Eakin 和 Selden（1995），Tucker（1995），Schmalensee、Stoker 和 Judson（1998）等。最近，Auffhammer 和 Carson（2008）试图基于中国的省级面板数据模型来预测中国二氧化碳排放的趋势，他们发现，以往基于时间序列和横截面数据的研究低估了中国的排放量。然而，他们的评估结果并非基于二氧化碳排放的面板数据集，而是基于一个废气排放的面板数据集。

本章将基于上一章估计的 1997—2012 年省级二氧化碳排放的面板数据，考察中国二氧化碳排放的驱动因素、排放趋势和减排潜力等问题。估计结果表明，经济发展、技术进步和能源消费结构是影响中国的二氧化碳排放最重要的因素，然而城市化水平对二氧化碳排放量的影响基本可以忽略；人均二氧化碳排放量与经济发展水平之间存在倒 U 形关系；资本调整速度对二氧化碳排放有显著影响。情景模拟表明，即使实行了积极的低碳发展政策，中国的人均二氧化碳排放量和排放总量都将持续增加，但是减排的潜力也很大。

本章内容安排如下：4.2 节是计量经济学模型和数据描述；4.3 节报告了计量估计结果；4.4 节是最优模型选择；4.5 节预测了在三个不同的情景设定中人均二氧化碳和二氧化碳排放总量的趋势；最后一节是小结。

4.2　计量模型及数据

考虑如下简单的面板计量模型：

$$y_{i,t} = \delta y_{i,t-1} + \mathbf{Z}_{i,t}\boldsymbol{\beta} + u_{i,t} \tag{4.1}$$

式中：$y_{i,t}$ 表示第 i 个省第 t 年的人均二氧化碳排放量；$y_{i,t-1}$ 是其一阶滞后项；δ 是一个标量回归系数；$\boldsymbol{\beta}$ 则是一个向量回归系数；扰动项 $u_{i,t}$ 包含两部分，即 $u_{i,t} = \eta_i + \varepsilon_{i,t}$，其中 η_i 被称为个体效应（individual effect），用来控制各省的特有性质，这一变量随个体的不同而不同，但是不随时间的变动而变化，$\varepsilon_{i,t}$ 是一般的扰动项，随时间和个体变化；$\mathbf{Z}_{i,t}$ 表示外生解释变量，包括人均收入、产业结构、能源消费结构、城市化水平、技术进步等诸多因素。

对除比例变量（如城市化水平、能源消费结构、产业结构等）外的所有其他变量都取自然对数形式。由于模型（4.1）的一般性，可以通过加入不同的外生变量设定不同的回归方程。在接下来的讨论中，将通过逐步增加解释变量的方法进行一系列回归分析,并通过样本内拟合标准和样本外预测标准进行最优模型选择,然后基于最优回归模型进行模拟预测。

需要注意的是,计量模型(4.1)中是否包含被解释变量的一阶滞后项 $y_{i,t-1}$ 具有本质差别。如果滞后变量 $y_{i,t-1}$ 没有纳入回归模型(4.1),则被称为静态面板模型,可以借助传统的固定效应模型(fixed effect model)或者随机效应模型(random effect model)进行估计。两者的区别在于,随机效应模型相对更有效,但是要求外生变量 $Z_{i,t}$ 和个体效应 η_i 不相关,而固定效应模型虽然对外生变量 $Z_{i,t}$ 和个体效应 η_i 之间没有要求,但是消耗更多的自由度。通过 Hausman 检验可在这两种估计方法之间进行选择。

一旦将滞后变量 $y_{i,t-1}$ 纳入回归模型(4.1),静态面板模型就转化为动态面板模型,传统的 OLS 估计、固定效应模型和随机效应模型将都是有偏的。其根本原因在于,在动态面板模型中,由于被解释变量 $y_{i,t}$ 是个体效应 η_i 的函数,因此被解释变量的一阶滞后项 $y_{i,t-1}$ 也是个体效应 η_i 的函数,这就使得被解释变量的一阶滞后项 $y_{i,t-1}$ 和扰动项 $u_{i,t}$ 是相关的,这就产生了内生性问题(endogeneity problem),从而使得 OLS 估计量和随机效应模型都是有偏的且非一致的。对固定效应模型而言,虽然通过组内转换可以削去个体效应 η_i,但是转换以后的动态项 $y_{i,t-1} - \dfrac{1}{T-1}\sum_{t=2}^{T} y_{i,t-1}$ 和转换后的扰动项 $\varepsilon_{i,t} - \dfrac{1}{T-1}\sum_{t=2}^{T}\varepsilon_{i,t}$ 是相关的。因此,在固定效应模型中也存在内生性问题,从而导致估计结果是有偏且非一致的。

为了解决内生性问题,Anderson 和 Hsiao(1981)建议首先通过一阶差分消除个体效应 η_i,然后将 $\Delta y_{i,t-2} = y_{i,t-2} - y_{i,t-3}$ 或者 $y_{i,t-2}$ 作为 $\Delta y_{i,t-1} = y_{i,t-1} - y_{i,t-2}$ 的工具变量,因为差分项 $\Delta y_{i,t-1} = y_{i,t-1} - y_{i,t-2}$ 和扰动项的差分 $\Delta \varepsilon_{i,t} = \varepsilon_{i,t} - \varepsilon_{i,t-1}$ 是不相关的。Arellano 和 Bond(1991)进一步建议用前定变量(y_{i1}, y_{i2}, $\cdots$, $y_{i,t-2}$)作为 $\Delta y_{i,t-1} = y_{i,t-1} - y_{i,t-2}$ 的工具变量,然后用广义矩方法(Generalized Method of Moments,GMM)进行估计。本研究将应用 Arellano 和 Bond 发展的 GMM 估计方法进行估计,因为该估计量充分利用了更多的信息,从而使得估计更为有效(Baltagi,2005)。

在确定了基本的估计方法以后,解释变量的构建成为关键。结合相关

经济理论和以往的研究，主要考虑如下解释变量：[①]

• 人均收入水平（用 per_GDP 表示） 大量研究指出，人均二氧化碳排放量和人均收入之间存在非线性的关系，其中，环境库兹涅茨曲线假设是其中最著名的理论（Tucker，1995）。环境库兹涅茨曲线假设认为，人均二氧化碳排放和人均收入水平之间存在倒 U 形关系。[②] 其背后的基本逻辑是，当人均收入水平较低时，人们愿意为了提高收入而牺牲部分环境质量，但是随着收入水平的提高，货币带来的边际效用下降，人们将会更加关注环境质量问题，从而导致污染水平出现先升后降的局面。有关环境库兹涅茨曲线假设，在一般污染物（如废气、废水、废渣）中得到验证，但是这一假设在二氧化碳排放中是否成立却并没有定论。本研究用人均实际 GDP 作为人均收入的代理变量。为了检验环境库兹涅茨曲线假设，可在回归方程中同时加入人均实际 GDP 的一次项和二次项，如果二次项系数显著为负值，则可以认为环境库兹涅茨曲线假设成立。分省 GDP 及人口数据可从各省历年统计年鉴获得，为了保证可比性，将各年名义 GDP 转换为以 1997 年为基期的实际值。

• 能源消费结构（用 ratio_coal 表示） 不同种类能源消费所产生的二氧化碳排放量并不相同，煤炭燃烧的二氧化碳排放量几乎是天然气燃烧排放量的 1.6 倍，是石油燃烧排放量的 1.2 倍，而核电、水电、风电、太阳能等则是清洁能源，并不排放二氧化碳（Zhang，2000）。中国的能源消费结构总体上以煤炭为主，石油次之，而天然气消费比例到目前为止仍然非常低，而且各省的能源禀赋和地理位置不同，从而导致各省的能源消费结构呈现出较大的差距。因此，考虑能源消费结构对二氧化碳排放的影响具有重要意义。借鉴 Auffhammer 和 Carson（2008）的做法，以各省煤炭消费量占该省一次能源消费总量的比重作为该省能源消费结构的代理变量。[③] 预期结果是，在其他条件不变的情况下，煤炭消费比重越高的省份，其人均二氧化碳排放量也越高。

• 产业结构（用 ratio_heavy 表示） 不同的产业，其单位产出的能源消费

---

① 一些文献探讨了贸易开放程度对中国二氧化碳排放量的影响（Ang，2009；Jalil 和 Mahmud，2009）。由于更多的能源密集型产品的出口，贸易开放程度的增加可能会导致更多的污染，同时，国际贸易也使得技术扩散变得更快、更简单，因此，贸易开放程度对环境的净效应取决于两种力量的相对强弱，从而最终结论只能由实证检验来回答。我们曾试过将贸易开放度作为解释变量放入回归中，但是结果不显著，故不在正文中报告。

② 更多有关环境库兹涅茨曲线假设的研究，请参考 Grossman 和 Krueger（1995），Dasgupta、Laplante、Wang 等（2002）以及 Bartz 和 Kelly（2008）等文献。

③ 由于缺乏可再生能源消费的省级数据，本文没有考虑可再生能源的份额。

量是不一样的,从而导致单位产出的二氧化碳排放量也存在差别。重工业往往是高耗能产业,对应于相同的产出,重工业的能耗相对其他产业要高得多,相应地,重工业排放的二氧化碳自然也要比其他产业高得多。为此,用各省重工业总产值占该省工业总产值的比重作为产业结构的代理变量。众所周知,中国的区域经济发展不平衡,各省的产业结构更是千差万别。东部较为发达的省份往往以轻工业和第三产业为主,而西部地区的省份目前尚处于承接东部地区高耗能产业的转移阶段,因此西部省份往往以重工业为主。同时,西部能源资源富集的省份,往往将能源产业作为主导产业,重工业的比重也会相对较高。因此,将重工业比重纳入考虑范围,有助于控制住各省之间产业结构的变化情况,具有重要意义。重工业总产值和轻工业总产值数据主要来自历年《中国工业经济统计年鉴》,部分缺失的年份和省份,则通过各省统计年鉴补齐。

• 城市化水平(用 ratio_urban 表示)　城市化水平的高低对二氧化碳排放具有重要影响。一方面,城市通常有更好的基础设施,城市家庭的平均收入往往要比农村家庭高,从而使得城市地区的能源消费量要比农村地区高得多,相应地会排放更多的二氧化碳。另一方面,城市人口的分布比农村更集中,因此城市在能源使用方面能够获得规模收益递增的好处,如集中供暖等。此外,城市家庭可能有机会使用更清洁的能源,如天然气,这也可以减少二氧化碳的排放。城市居民的教育水平可能更高,对环境保护的意识可能更强烈,这也可能有助于减少二氧化碳的排放。因此,城市化水平和二氧化碳排放量之间的关系是不确定的。在现实中,由于气候差异、集中供暖政策、区域电力排放因子和城市形态等因素的不同,中国各城市的二氧化碳排放量差异巨大(Zheng、Wang、Glaese 等,2011)。将城市化水平纳入回归方程进行分析是非常必要的。使用非农人口比重作为城市化水平的代理变量,所有数据来源于《中国人口统计年鉴》和《中国人口和就业统计年鉴》。①

• 技术进步(用时间趋势 time 表示)　技术进步是二氧化碳减排的最重要措施之一。在国家节能减排政策的引导下,中国的节能减排技术获得了巨大的进展,更高效的发电机组、更节能的家用电器等不断涌现,这些都可能对人均二氧化碳的排放产生重要的影响。在以往的研究中,如何衡量技

---

　　①　城市化水平通常用城市常住人口比例或者非农人口比例来衡量。两者的不同之处在于,常住人口包括户籍人口和流动人口两类,而非农人口只包含户籍人口。由于中国存在大量流动人口,因此常住人口比重更能反映城市化水平。然后,由于国家统计局统计口径的改变,无法获得 2004 年以前的常住人口数据。

术进步并没有明确的共识，其中，最常用的两个代理变量是能源强度和时间趋势（Auffhammer 和 Carson，2008；Fan、Liu、Wu 等，2006）。然而，用能源强度作为技术进步的代理变量，可能导致严重的多重共线性问题，因为能源强度往往和二氧化碳排放量之间存在较高的相关性。为此，使用时间趋势作为技术进步的代理变量更为合适。值得指出的是，时间趋势只能用来控制对所有省份都起作用的外生技术冲击。参考 Auffhammer 和 Carson (2008)的设定，对时间趋势变量取自然对数形式。

表 4-1 报告了主要变量的描述性统计。从表中可以发现，人均二氧化碳排放量的样本均值约为 4.27 吨，人均实际 GDP 的样本均值约为 1.52 万元，城市化水平的样本均值在 0.34 左右，重工业比重的样本均值约为 0.71，而煤炭消费比重的样本均值则为 0.78 左右，而且各变量的变差较大，这对进一步的回归分析是有利的。

表 4-1　主要变量的描述性统计

变量名	单位	均值	标准误	最小值	最大值	观察值
per_CO_2	吨	4.27	3.04	0.83	23.36	480
per_GDP	万元	1.52	1.14	0.22	6.49	480
ratio_urban	比例	0.34	0.16	0.14	0.90	480
ratio_heavy	比例	0.71	0.12	0.33	0.95	480
ratio_coal	比例	0.78	0.13	0.30	0.97	480

注：实际 GDP 统一折算到 1997 年价格。

4.3　计量结果及讨论

通过在回归模型(4.1)中加入不同的解释变量，我们总共估计了 9 个回归模型，结果在表 4-2 中列出。该方法的优点在于，可以通过比较每个模型的系数来检验模型的稳定性，并通过设定搜索寻找最优回归模型。在表 4-2 中列出的 9 个模型中，模型(1)至(5)是静态面板数据模型，可以通过传统的固定效应模型或者随机效应模型进行估计。Hausman 检验的结果显示，其中有 3 个模型必须用固定效应模型进行估计，其他 2 个模型则可以用随机效应模型进行估计，但是固定效应模型仍然是适用的。为了模型结果的可比性，统一使用固定效应模型进行估计。

表 4-2 估计结果和模型选择

Dep. var.: ln_per_CO_2	(1)	(2)	(3)	(4)	(5)	(6)	(7)	(8)	(9)
ln_per_GDP	0.808***	0.841***	0.799***	0.974***	0.957***	0.638***		0.044	
	(20.11)	(18.45)	(13.95)	(15.53)	(15.10)	(3.92)		(1.16)	
ln_per_GDP^2	−0.091**	−0.089**	−0.089**	−0.114**	−0.131***	−0.112***		−0.047***	
	(−2.22)	(−2.51)	(−2.41)	(−2.89)	(−3.22)	(−2.90)		(−3.41)	
ratio_coal		1.384**	1.398**	1.158*	1.138*	0.304		0.276*	
		(2.14)	(2.08)	(1.82)	(1.74)	(0.46)		(1.73)	
ratio_heavy			0.466	0.823***	0.633	0.743***		−0.027	
			(1.68)	(2.99)	(1.62)	(4.39)		(−0.32)	
ln_time				−0.144***	−0.155***	−0.107*		0.101***	
				(−3.75)	(−4.58)	(−1.65)		(2.96)	
ratio_urban					0.811	0.681		0.116	
					(1.17)	(1.48)		(0.57)	
L. ln_per_CO_2						0.270*	1.008***	0.854***	1.042***
						(1.86)	(48.45)	(39.14)	(105.64)
_cons	1.161***	0.077	−0.258	−0.064	−0.159				
	(57.53)	(0.15)	(−0.45)	(−0.12)	(−0.27)				

续表

Dep. var.: ln_per_CO_2	（1）	（2）	（3）	（4）	（5）	（6）	（7）	（8）	（9）
N	480	480	480	480	480	420	420	450	450
估计方法	FE	FE	FE	FE	FE	GMM	GMM	LSDVC	LSDVC
Hausman test	6.33**	4.82	22.84***	2.47	25.43***				
Arelano & Bond test (order 2)						0.145	−0.234	−0.550	−0.22
adj. R^2	0.878	0.895	0.897	0.908	0.910				
AIC	−1.466	−1.708	−1.897	−3.856	−1.850	−2.108	−4.352	−3.109	−4.627
BIC	−1.449	−1.682	−1.863	−3.813	−1.807	−2.041	−4.343	−3.045	−4.618
MAE	0.412	0.381	0.303	0.125	0.347	0.434	0.146	0.292	0.186
RPMSFE	12.351	0.217	0.153	0.030	0.181	0.259	0.029	0.099	0.044
ARMSFE	3.11e+08	6.22e+06	3.83e+06	7.16e+05	4.84e+06	7.66e+06	6.40e+05	3.49e+06	1.03e+06

注：（1）***、**和*分别表示在1%、5%和10%水平显著。

（2）模型（1）至（5）报告的是稳健标准误，模型（8）和（9）报告的是自举（bootstrapping）标准误。

对于动态面板模型（6）和（7），采用 Arellano 和 Bond（1991）提出的 GMM 估计方法进行估计。该估计量的一致性有一个重要的前提，即一次差分以后的扰动项不存在二阶序列相关，对此可以应用 Arellano 和 Bond（1991）提供的检验方法进行检验。表 4-2 列出了检验结果。从表中的检验结果可以看出，不能拒绝没有二阶序列相关的原假设，因此，GMM 估计量是一致的。需要注意的是，Kiviet（1995）以及 Judson 和 Owen（1999）的研究显示，误差修正最小二乘哑变量估计量（Bias-corrected Least Square Dummy Variable Estimator，LSDVC）要比 GMM 更有效。因此，在模型（8）和（9）中进一步报告了 LSDVC 的估计结果。

模型（1）仅将人均 GDP 的一次项和二次项作为解释变量，这一设定主要用来检验经典的"环境库兹涅茨曲线"假设。如果"环境库兹涅茨曲线"存在，则二次项的系数应该显著为负。从表 4-2 中的结果可以看出，在这一简单的设定中，二次项系数显著为负，这表明人均国内生产总值和人均二氧化碳排放量之间存在倒 U 形的关系，这似乎在一定程度上支持了"环境库兹涅茨曲线"假说。

根据人均 GDP 的一次项系数和二次项系数，可以求出倒 U 形曲线的拐点。按照 1997 年价格计算，拐点为 4.44 万元左右。也就是说，平均而言，当一个省份的人均 GDP 达到 4.44 万元左右，其人均二氧化碳排放量将逐渐下降，而在此之前，其人均二氧化碳排放量将呈现不断上升的趋势。进一步分析哪些省份的人均 GDP 已经超过了拐点是有趣的。分析发现，截至 2012 年，仅有三个省（直辖市）的人均 GDP 已经超过了拐点，即天津市、上海市、江苏省。上海市的人均 GDP 从 2007 年就已经超过拐点，而天津市从 2009 年才开始超过拐点，江苏省则从 2012 年才开始超过拐点。也就是说，截至 2012 年，大部分省份尚处于倒 U 形曲线的左边，其人均二氧化碳排放量仍然处于上升阶段。

模型（2）在模型（1）的基础上进行了扩展，在人均 GDP 的一次项和二次项基础上，进一步将能源消费结构纳入回归分析。从结果中可以看到，能源消费结构对人均二氧化碳排放量有显著的正的影响，这一结果符合预期和常识。平均而言，煤炭消费比重下降 0.01（即一个百分点），人均二氧化碳排放量可以降低 1.03% 左右。人均 GDP 二次项的系数为负，在 5% 的显著性水平上显著，而且其系数和模型（1）非常接近，这进一步支持了"环境库兹涅茨曲线"假说。

模型(3)在模型(2)的基础上进一步将产业结构纳入回归分析。从结果中可以看到,重工业比重对人均二氧化碳排放量具有正的影响,也就是说重工业比重高会导致更高的人均二氧化碳排放量,但是这一变量的系数并不显著。值得指出的是,重工业比重对人均二氧化碳排放的影响似乎并不稳定,因为从后续的回归中可以发现,在部分回归中,重工业比重具有显著正的影响。可以肯定的是,在所有的回归模型中,无论显著与否,重工业比重的系数都是正的,这和我们的预期是一致的。

模型(4)进一步加入时间趋势来考察技术进步对人均二氧化碳排放的影响。从表4-2的结果可以看出,时间趋势变量的回归系数显著为负,而且在1%的水平显著。这表明,在其他条件不变的情况下,随着时间的推移,人均二氧化碳排放量趋于减少。这一结果和预期是一致的。此外,我们还发现,在控制了时间趋势的影响以后,产业结构的影响变得显著,而且回归系数变得更大,但是能源消费结构的影响有所下降。人均GDP的二次项系数变得在1%水平显著,并且符号保持不变。

模型(5)进一步考虑了城市化水平对人均二氧化碳排放量的影响。结果表明,城市化水平的影响是正的,但是即使在10%水平也是不显著的。这可能反映了两种相反的效应综合后的影响,这一问题已经在上文中进行了讨论。在回归(5)中,技术进步的影响仍然是显著为负的,但是煤炭消费比重的回归系数再次变得不显著,重工业比重的影响仍然维持在显著水平,而且系数的符号也没有变化,环境库兹涅茨曲线假说也得到再次支持。

模型(6)试图控制历史排放量对目前排放量的影响,其方法是在模型中加入人均二氧化碳排放量的一阶滞后项。加入被解释变量滞后项的合理性在于资本调整的滞后性,因为机器的折旧需要很长一段时间,特别是大型化石燃料发电机组,由于投资额度较大,往往要经过十几年甚至几十年才有可能进行替换升级(Auffhammer和Carson,2008)。在这种情况下,上一期的二氧化碳排放水平将对本期的排放水平产生较大影响。回归结果显示,动态调整系数在10%水平显著,且系数符号为正,这说明上一期人均二氧化碳排放越大,本期的排放也将越大。这一结果和预期是一致的。值得指出的是,在动态面板模型下,人均GDP的二次项系数仍然是显著的,而且系数为负,这再次说明了"环境库兹涅茨曲线"假说的稳健性。

模型(7)估计了一个简单的AR(1)模型,即在回归模型中仅保留被解释变量的一阶滞后项,而将其他解释变量全部排除在外。回归结果表明,滞后项的系数在 1% 的水平显著,而且符号为正。平均而言,当期人均二氧化碳排放量增加 1%,将导致下一期人均二氧化碳排放量增加 1.008%,也就是说,人均二氧化碳排放量将按照 0.8% 的增速增长。

模型(8)和模型(9)给出了模型(6)和模型(7)的 LSDVC 估计结果。结果表明,这两个模型的滞后项的系数都在 1% 的水平显著,而且系数都为正,这都说明资本的调整速度对人均二氧化碳排放有显著影响。

将本研究的结果与已有的环境库兹涅茨曲线假说研究进行比较是有意义的。Jalil 和 Mahmud (2009)发现,中国的人均 GDP 和人均二氧化碳排放之间存在 EKC 关系。根据他们的计算,拐点在 12992 元时出现,这接近他们样本中的最高值(10230 元)。但他们也指出,他们的研究结果是基于加总数据,因此在解释环境库兹涅茨曲线假说时应慎重。相对而言,其他污染物研究中普遍存在环境库兹涅茨曲线假说证据,如废气、废水和固体废物等。Jiang、Lin 和 Zhuang (2008)的研究表明,环境库兹涅茨曲线假说在燃料燃烧的废气和废水中都存在,拐点分别为 44280 元和 11146 元。这意味着目前中国许多省份已到达拐点。Song、Zheng 和 Tong (2008)的研究也发现,环境库兹涅茨曲线假说在废气和固体废弃物中存在,拐点分别为 29017 元和 28296 元。

4.4　模型选择

赤池信息标准(Akaike Information Criterion,AIC)和施瓦茨信息标准(Schwarz Information Criterion,SIC)通常被用于模型选择。然而,这两个标准更适合比较样本内的拟合优度,因为这两个指标的计算是基于样本内的数据进行的。通常,AIC 和 BIC 越小,则说明模型拟合得越好。对于样本外的预测而言,由于涉及对未来的预测,因此对历史数据拟合得更好的模型,并不意味着对预测也会更精确。对预测而言,模型的预测误差更小,则说明模型预测更精确。

样本外预测的主要原理是,对于有 N 个个体和 $n+m$ 次观察值的样本而言,使用前 n 次观察值估计模型的参数,而将最后的 m 次观察值用于预测。假设 $\hat{f}_{i,n+h}$ 是真实值 $y_{i,n+h+1}$ 提前一步(one-step ahead)的预测值,其中 $i=1,2,\cdots,N$,而 $h=0,1,\cdots,m-1$。预测误差是真实值和预测值之间的差值,即 $\hat{e}_{i,n+h+1}=y_{i,n+h+1}-\hat{f}_{i,n+h}$,每个个体都有 m 个预测误差。

考虑如下三种样本外预测标准：

第一种是绝对平均误差（Mean Absolute Error，MAE），是预测误差的绝对值的加权平均值，正式定义如下：

$$MAE = \frac{1}{mN}\sum_{i=1}^{N}\sum_{h=0}^{m-1}|\hat{e}_{i,n+h+1}| \qquad (4.2)$$

第二种是人均预测误差均方根（Percapita Root Mean Squared Forecast Error，PRMSFE），是预测误差平方的加权平均值再开根号，正式定义可以表述如下：

$$PRMSFE = (\frac{1}{mN}\sum_{i=1}^{N}\sum_{h=0}^{m-1}\hat{e}_{i,n+h+1}^{2})^{\frac{1}{2}} \qquad (4.3)$$

为了将人口的影响纳入分析，我们还计算了第三种标准，即加总的预测误差均方根（Aggregated Root Mean Squared Forecast Error，ARMSFE），该指标和 PRMSFE 的差别在于将人口数量引入预测中，正式定义如下：

$$ARMSFE = (\frac{1}{mN}\sum_{i=1}^{N}\sum_{h=0}^{m-1}pop_{i,n+h+1}^{2} \cdot \hat{e}_{i,n+h+1}^{2})^{\frac{1}{2}} \qquad (4.4)$$

其中：$pop_{i,n+h+1}$ 是第 i 个省在第 $n+h+1$ 年的人口数量。这一标准适合于总量预测模型。

一般来说，模型的 MAE 值、PRMSFE 值和 ARMSFE 值越小，说明模型的预测更为精确。本章将综合考虑样本内拟合标准和样本外预测标准。但是由于我们更感兴趣的是二氧化碳排放量的预测，因此将更注重样本外预测标准。

用样本中前 11 年的观察值（1997—2007 年）估计模型的参数，然后用后 5 年的观察值（2008—2012 年）计算 MAE、PRMSFE 和 ARMSFE 的值。[①]样本内拟合标准和样本外预测标准的估计结果如表 4-2 所示。结果表明，从样本内拟合标准来看，模型（7）和模型（9）的 AIC 和 BIC 是最小的，这说明这两个简单的动态 AR(1)模型是最优的。从样本外预测标准来看，模型（5）的 MAE 是最小的。虽然模型（7）的 PRMSFE 是最小的，但是模型（5）的 PRMSFE 和模型（7）几乎相等。从 ARMSFE 的值来看，模型（7）也是最小的，但是模型（5）和模型（7）的值也非常接近。综合来看，模型（5）是最优的预测模型。

---

① 我们对样本的参数估计区间和预测区间的划分进行了其他不同的尝试，估计结果几乎是一样的。

4.5　情景模拟

本节将基于模型(5)估计中国的人均二氧化碳排放量和二氧化碳排放总量(更多的技术细节请参阅附录)。[①] 由于经济结构可能会随时间调整,因此,本研究提供的计量经济方法更适合短期和中期预测。本研究将仅预测2015—2020 年的二氧化碳排放量,预测时期相对较短,因此结构改变应该不是一个严重的问题。

4.5.1　情景描述

考虑三种情景,即基准情景、当前政策情景和低碳发展情景三种。由于时间趋势和人口增长是相对稳定的,而且政府也很难对这两个变量进行调整,因此,假设在这三个不同的情景中,时间趋势和人口增长率是相同的。同时,由于经济增长仍然是我国当前的首要目标,以牺牲经济的增长来达到二氧化碳的减排,显然也不是合适的途径,因此,进一步假设在三种不同的情景中,GDP 增长的变动路径也是相同的。

我们将专注于分析政策变量的差异造成的影响,即煤炭消费比重和重工业比重的影响。基准情景假设在预测期内政策变量都保持在 2009 年的水平不变,当前政策情景假设所有政府宣布的政策目标都将会实现,而低碳发展情景则假设政府将采取更为积极的行动来减少二氧化碳排放。三种不同情景设定的细节在表 4-3 中进行了描述。

- 人均 GDP 增长率　EIA (2009)对 2015—2020 年中国 GDP 的增长率进行了详细的预测,因此,本书将直接参考他们的结果。具体而言,假设2013—2015 年,人均 GDP 年均增长率为 7.5%,2016—2020 年,人均 GDP年均增长率为 6%。这一假设是合理的,特别是 2014 年以来,中国经济进入了"新常态",经济增长率已很难维持在高位。

---

① 　对于面板模型预测而言,需要为每个变量设置 2015—2020 年在每个省的不同值,然而我们没有权威机构预测的这些省级数据的信息。为了解决这个问题,假设解释变量在所有省份在 2015—2020 年都将以同样的速度变动,例如,如果国家水平的人均 GDP 的年增长率为 7%,那么假设每个省的人均地区生产总值也将每年增长 7%。虽然这假设可能会导致预测偏差,但是这一偏差很可能反而小于为每个省设置不同值所带来的偏差。

• 人口增长　根据 EIA（2009）的预测,中国的人口在 2015 年和 2020年将分别达到 13.89 亿和 14.21 亿。也就是说,中国的平均人口增长率将从 2010—2015 年的 0.6% 下降到 2016—2020 年的 0.5% 左右。在本研究中,将采取简单的做法,即参考 EIA(2009) 的预测结果。

• 时间趋势　简单假定时间趋势的变动和以前一样,即时间趋势变量将以每年增加 1 的速度变动。

• 煤炭消费比重　中国的能源消费结构一直以来都是以煤炭为主的,总体而言,煤炭消费比重普遍维持在 70% 以上。对中国来说,要改变以煤炭为主的能源消费结构在短期内是比较困难的。EIA（2009）对中国的能源消费结构进行了预测,我们将在此基础上进行设定。具体而言,假定在基准情景下,煤炭消费比重将维持在 2012 年水平;在当前政策情景下,煤炭消费比重将在 2013—2020 年每年下降 0.5 个百分点;在低碳发展情景下,煤炭消费比重将在 2013—2015 年每年下降 0.5 个百分点,在 2016—2020 年每年下降 1个百分点。

• 重工业比重　中国的工业化进程取得了很大的进展,重工业的比重从 1995 年的 56% 增加到 2012 年的 75% 左右。虽然目前中国的重工业比重仍然很高,但是随着经济的进一步发展,特别是知识经济和网络经济的发展,中国的重工业比重将逐步下降,最终在 2020 年达到 58% 的水平(周子学,2009)。为此,假设在基准情景下,2013—2015 年重工业比重都将维持在 2012 年的水平不变;在当前政策情景下,2013—2020 年重工业比重将每年下降 0.5 个百分点;在低碳发展情景下,2013—2015 年重工业比重将每年下降 0.5 个百分点,但是在 2016—2020 年将每年下降 1 个百分点。这一假设与何晓萍、林希颖、林艳苹(2009)的设定是一致的。

表 4-3　情景设定

情景类型	情景设定
基准情景	◆GDP 增长:2013—2015 年,年均增长 7.5%;2016—2020 年,年均增长 6% ◆人口增长:2013—2015 年,年均增长 0.6%;2016—2020 年,年均增长 0.5% ◆时间趋势:按时间规律变动 ◆煤炭消费比例:保持在 2012 年水平不变 ◆重工业比重:保持在 2012 年水平不变

情景类型	情景设定
当前政策情景	◆GDP 增长:2013—2015 年,年均增长 7.5%;2016—2020 年,年均增长 6% ◆人口增长:2013—2015 年,年均增长 0.6%;2016—2020 年,年均增长 0.5% ◆时间趋势:按时间规律变动 ◆煤炭消费比例:2013—2020 年,每年下降 0.5 个百分点 ◆重工业比重:2013—2020 年,每年下降 0.5 个百分点
低碳政策情景	◆GDP 增长:2013—2015 年,年均增长 7.5%;2016—2020 年,年均增长 6% ◆人口增长:2013—2015 年,年均增长 0.6%;2016—2020 年,年均增长 0.5% ◆时间趋势:按时间规律变动 ◆煤炭消费比例:2013—2015 年,每年下降 0.5 个百分点;2016—2020 年,每年下降 1 个百分点 ◆重工业比重:2013—2015 年,每年下降 0.5 个百分点;2016—2020 年,每年下降 1 个百分点

4.5.2　预测结果

图 4-1 和图 4-2 报告了 2015—2020 年中国人均二氧化碳排放量和二氧化碳排放总量的预测结果。从图中可以看出,在预测区间内,即使有积极的政策干预,人均二氧化碳排放量和二氧化碳排放总量也将持续增加。但是,如果采取积极的低碳发展政策,则可以较大幅度地进一步减少二氧化碳排放,减排的潜力较大。

从图 4-1 的结果来看,基准情景的预测结果表明,如果政策变量保持在 2012 年的水平不变,并且没有任何政府干预,那么中国的人均二氧化碳排放量预计将在 2015 年和 2020 年分别达到 7.4 吨和 8.6 吨左右。当前政策情景的预测结果则表明,如果政府当前制定的节能目标能够实现的话,中国的人均二氧化碳排放量在 2015 年和 2020 年将会分别降至 7.2 吨和 7.9 吨左右。在低碳发展情景中,预测结果表明,如果政府采取更为积极的减排行动,中国的人均二氧化碳排放量虽然在 2015 年不会有大的变化,但是在 2020 年将进一步减少到 7.5 吨左右。

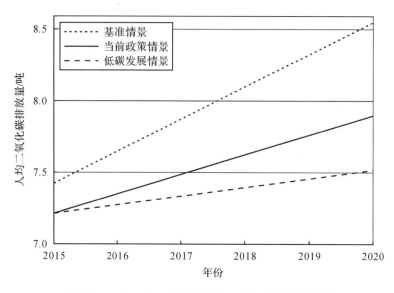

图 4-1　2015—2020 年中国人均二氧化碳排放量预测

从图 4-2 的结果来看,在基准情景下,中国的二氧化碳排放总量在 2015 年和 2020 年将分别达到 104 亿吨和 122 亿吨左右,然而在当前政策情景下,中国的二氧化碳排放总量将减少到 101 亿吨和 113 亿吨左右。这意味着,如果中国政府当前的节能目标能够实现,则中国将对全球温室气体减排做出巨大的贡献。也就是说,中国将在 2015 年和 2020 年分别减少 3 亿吨和 9 亿吨二氧化碳排放。图 4-2 还显示,如果政府采取更为积极的减排行动,在 2015 年和 2020 年,中国二氧化碳排放总量将进一步下降到 101 亿吨和 108 亿吨。相比当前政策而言,中国仍然有较大的二氧化碳减排潜力,即 2020 年中国可以进一步减排约 5 亿吨二氧化碳排放。

中国和美国是目前全球二氧化碳排放量最大的两个国家,将两者的排放情况进行比较是有意义的。根据 EIA 的估计,美国的人均二氧化碳排放量在 2015 年和 2020 年将分别为 7.5 吨和 17.1 吨左右。虽然 2015 年中美两国的人均二氧化碳排放量基本相当,但是 2020 年美国的人均二氧化碳排放量要远远高于中国的人均排放量。[①] 但是也应该注意到,中美两国的排放趋势是不同的,因此我们不能确定,在更长的时期内,中国的人均二氧化碳排放量仍将低于美国。美国的二氧化碳排放总量在 2015 年和 2020 年将分

①　美国的排放数据取自 EIA,网址为 http://www.eia.gov/environment/data.cfm。

别达到 57 亿吨和 58 亿吨,将远低于中国的同期二氧化碳排放总量,这是无法避免的,因为中国的人口数量要远多于美国。

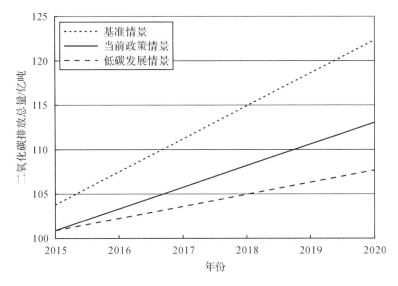

图 4-2 2015—2020 年中国二氧化碳排放总量预测

将本研究的结果和已有的其他研究结果做比较是有帮助的。Cai、Wang、Chen 等(2008),IEA (2008),EIA (2009),国家发展和改革委员会能源研究所课题组 (2009)以及本研究的预测结果都列在表 4-4 中。

表 4-4 与其他研究的比较 （单位:亿吨）

	预测方法	预测时期	二氧化碳排放总量	
			2015	2020
EIA(2009)	系统模型	2015—2035	82.04	94.17
IEA(2008)	系统模型	2007—2030	88.28	100.04
Cai、Wang、Chen 等(2008)	系统模型	2001—2020	—	53.67
国家发展和改革委员会能源研究所课题组 (2009)	系统模型	2005—2050	—	78.54
本研究	计量模型	2015—2020	100.86	107.65

注:(1)二氧化碳排放量的单位是亿吨。

(2)Cai、Wang、Chen 等(2008)仅计算了五大高耗能产业的排放量,这五大行业的排放量约占全部排放量的 80% 左右。

从表 4-4 中可以发现，总体上来说，本研究预测的二氧化碳排放总量比其他研究的预测要更高，但是相对而言，与 EIA（2008）比较接近。特别是对于 2020 年的预测结果，本研究的预测排放量几乎是 Cai、Wang、Chen 等（2008）的两倍。和国家发展和改革委员会能源研究所课题组（2009）的预测相比，本研究的预测排放量也要高出近 40％。需要指出的是，中国 2012 年的二氧化碳排放总量就已经达到 83 亿吨左右，因此 Cai、Wang、Chen 等（2008）和国家发展和改革委员会能源研究所课题组（2009）的预测显然是偏低了。

4.6 本章小结

本章考察了中国二氧化碳排放的影响因素、演进趋势和减排潜力。首先估计了一系列静态和动态面板回归模型，然后用样本内拟合标准和样本外预测标准选择最优预测模型，并用于预测中国 2020 年的二氧化碳排放趋势和减排潜力。相关分析结论如下：

（1）计量分析的结果表明，经济发展、技术进步、能源消费结构和产业结构是中国人均二氧化碳排放最重要的驱动力，而城市化水平的影响不显著。人均二氧化碳排放量与经济发展水平之间存在倒 U 形关系，而且目前中国大多数省份仍然还没有达到拐点。资本的速度调整会影响中国的二氧化碳排放量，这说明加快资本的更新换代是减少二氧化碳排放的有效途径。

（2）情景模拟显示，中国的人均二氧化碳排放量和二氧化碳排放总量在预测周期内将持续增加。在基准情景、现有政策情景和低碳发展情景下，2020 年中国的人均二氧化碳排放量将分别达到 8.6 吨、7.9 吨和 7.5 吨，低于大多数发达国家在 2007 年的排放水平。关于二氧化碳排放总量，情景模拟结果显示，在三种情景下，2020 年中国二氧化碳排放总量将分别达到 122 亿吨、113 亿吨和 108 亿吨，这说明中国的二氧化碳减排潜力仍然很大。

上述结果具有重要的政策意义。首先，在接下来的几年，只要中国把发展经济放在首位，则即使有积极的减排政策干预，中国的人均二氧化碳排放量和二氧化碳排放总量仍将持续上升。至少在中国的人均收入赶上中等发达国家水平以前，中国不太可能对其二氧化碳排放实行严格的限制。因此，对于发达国家来说，为中国的减排提供更多财政支持和先进技术，而不是要求中国承诺强制减排,将对中国更有帮助。第二,二氧化碳排放的倒 U 形曲线似乎确实存在,在接下来的几年内,中国应采取各种激励措施,鼓励各省份早日达到拐点,因此,通过政策干预减少二氧化碳排放是必要的。最后,如果中国政府当前的政策目标得以实现,中国将为全球二氧化碳减排做出巨大贡献,但是中国政府仍可进一步采取更积极的行动来减少二氧化碳排放。

本章附录

根据最优模型的选择结果,本研究基于如下回归模型预测每个省 2015—2020 年的二氧化碳排放估计量:

$$\ln(per\_CO_2)_{i,t} = \hat{\alpha} + \hat{\beta}_1 \ln(per\_GDP)^2_{i,t} + \hat{\beta}_2 \ln(per\_GDP)_{i,t} \\ + \hat{\beta}_3 ratio\_coal_{i,t} + \hat{\beta}_4 \ln(time)_{i,t} + \hat{\eta}_i$$

由于我们感兴趣的是预测 $per\_CO_{2i,t}$ 的值,因此需要进一步做如下的指数变换:

$$per\_CO_{2i,t} = \exp\left\{ \begin{matrix} \hat{\alpha} + \hat{\beta}_1 \ln(per\_GDP)^2_{i,t} + \hat{\beta}_2 \ln(per\_GDP)_{i,t} \\ + \hat{\beta}_3 ratio\_coal_{i,t} + \hat{\beta}_4 \ln(time)_{i,t} + \hat{\eta}_i \end{matrix} \right\}$$

一旦得到每个省的人均二氧化碳排放量预测值 per_CO_{2it},就可以通过如下公式计算全国的人均二氧化碳排放量的加权平均值:

$$\overline{per\_CO_{2t}} = \frac{1}{30} \sum_{i=1}^{30} per\_CO_{2i,t} \quad t = 2015,\cdots,2020$$

全国的二氧化碳排放总量,可以通过如下公式进行加总获得:

$$aggre\_CO_{2t} = \sum_{i=1}^{30} (per\_CO_{2i,t} \times pop_{it}) \quad t = 2015,\cdots,2020$$

其中,pop_{it} 是各省的人口数量。

第 5 章

二氧化碳减排潜力及成本估计[①]

5.1 引 言

面对持续上升的国际二氧化碳减排压力,中国政府已对二氧化碳减排做出了巨大的努力,表现出了充分的减排诚意。2009 年中国政府宣布了其限制温室气体排放的目标,即到 2020 年二氧化碳排放强度要比 2005 年减少 40%～45%。在国民经济与社会发展"十二五"规划中,中国政府进一步提出,到 2015 年,二氧化碳排放强度要比 2010 年下降 17% 左右。2014 年 11 月 12 日,中美两国在北京发布《中美气候变化联合声明》,进一步提出了新的二氧化碳减排目标,其中,中国政府计划到 2030 年左右二氧化碳排放达到峰值且将努力早日达峰,并计划到 2030 年非化石能源占一次能源消费比重提高到 20% 左右。

面对艰巨的二氧化碳减排任务,一个随之而来的问题是,为了实现这些减排任务,中国需要付出多大的经济成本? 中国是否有可能实现"双赢"的目标,即在控制二氧化碳排放量的同时,还能促进经济发展? 能够正确评估中国二氧化碳减排的边际成本,是中国政府进行全球气候谈判的重要的第一步。这不仅可以帮助国际社会理解中国的二氧化碳减排的难度,也有助于探讨建立更加有效的国际减排责任分担规则和治理机制。对中国而言,

---

[①] 本章主要内容已在英文期刊 *Environmental and Resource Economics* 上发表,详情请参见 Du、Hanley 和 Wei (2015)[55],作者在原文基础上有所修正和扩展。

准确地评估二氧化碳减排的成本也是非常重要的,有助于国内一系列环境政策的制定。例如,可以用来指导碳税税率的设置、排放许可交易和区域二氧化碳减排指标分配等(Färe、Grosskopf、Lovell 等,1993;Wei、Löschel 和Liu,2013)。

以上问题正是本章内容想要回答的重点。早期有关中国二氧化碳减排成本的研究(包括在企业层面、产业层面或省级层面上的研究),大多数都是基于非参数方法或参数化谢泼尔德距离函数方法来探讨这一问题的。本章的研究采用了一种较为新颖且更为灵活的参数化方向产出距离函数方法。该方法的好处在于其可导性以及允许合意产出和非合意产出之间的非比例变动。方向距离函数的这些属性特别有吸引力,因为可导性可以保证影子价格估计的唯一性,而产出的非比例变动则允许减少二氧化碳排放与经济增长这一"双重红利"现象的存在,这正是决策者最感兴趣的。

研究结果发现,整个样本期间中国的环境技术无效率是增加的。如果所有的省份都是完全有效率的,那么,"十五"期间,中国可以进一步减少4.5%的二氧化碳排放量,而在"十一五"期间则可以进一步减少4.9%的二氧化碳排放量。二氧化碳减排的影子价格在样本期间内也是持续增加的,而且存在较大的地区差异,平均而言,影子价格的年均增长率约为8%,但是"十一五"期间的增长率相对要高于"十五"期间的增长率。替代弹性绝对值的增加表明,中国要减少二氧化碳排放量将变得越来越困难。

本章的内容安排如下:5.2 节是理论模型;5.3 节是实证模型的设定;5.4 节是数据描述;5.5 节报告了估计结果;最后一节进行了总结。

5.2　理论模型

本节将详细勾画分析的理论模型。首先引入方向产出距离函数,然后估计二氧化碳的影子价格和 Morishima 替代弹性。

5.2.1　方向产出距离函数

假定一个生产者使用 N 种投入品生产 M 种好产出(goods)和 J 种坏产

出(bads)[①]，即用投入向量 $x = (x_1, \cdots, x_N) \in \mathbf{R}_+^N$ 生产好产出向量 $y = (y_1, \cdots, y_M) \in \mathbf{R}_+^M$ 和坏产出向量 $b = (b_1, \cdots, b_J) \in \mathbf{R}_+^J$。那么该生产者的生产技术可以定义为如下产出集：

$$P(x) = \{(y, b) : x \quad \text{can produce}(y, b)\} \tag{5.1}$$

除了生产理论的标准假设外，如紧集、投入可自由处置等，需要对产出集增加一些额外的假设。

首先，假设坏产出和好产出是联合产生的(null-jointness)。更正式地表述，如果$(y, b) \in P(x)$，而且 $b = 0$，那么 $y = 0$。这一假设意味着，如果没有坏产出的生产，那么就不可能有好产出的生产。

第二，假设好产出和坏产出是弱处置的(weakly disposable)。也就是说，如果$(y, b) \in P(x)$，而且 $0 \leqslant \theta \leqslant 1$，那么 $(\theta y, \theta b) \in P(x)$。弱处置的含义是，任何好产出和坏产出的成比例变动是可行的，这意味着任何坏产出的减少都是有成本的。

同时，保持生产理论的传统假设，即好产出本身是可以自由处置的。更正式地表述，自由处置意味着，如果$(y, b) \in P(x)$，而且 $y' \leqslant y$，那么$(y', b) \in P(x)$。这表明，在不引起成本的情况下，处理掉任何好的产出都是可行的。

方向产出距离函数是符合上述假设的生产技术的函数表现形式。正式地，方向产出距离函数可以定义如下：

$$\vec{D}(x, y, b; g_y, -g_b) = \max\{\beta : (y + \beta g_y, b - \beta g_b) \in P(x)\} \tag{5.2}$$

其中，$g = (g_y, g_b) \in \mathbf{R}_+^M \times \mathbf{R}_+^J$ 是方向向量。方向产出距离函数描述了在给定生产技术下，好产出的最大可行增量和坏产出的最大可行减量。

图 5-1 是在一种好产出和一种坏产出的情况下方向产出距离函数示意图。给定生产技术 $P(x)$ 和方向向量 $g = (g_y, g_b) > 0$，方向产出距离函数在扩大好产出 y 的同时，沿着方向向量缩减坏产出 b 的产量，直至到达生产集 $P(x)$ 的边界。对于一个处于生产边界下方的观察值 $A(y, b)$ 而言，可以沿着方向向量扩大好产出 y，并同时缩减坏产出 b，直到到达生产集边界上的点 $B(y + \beta^* g_y, b - \beta g_b)$，其中 $\beta^* = \vec{D}(x, y, b; g_y, -g_b)$ 就是方向产出距离函数的具体值。

方向产出距离函数是一个效率指标。如果 β 值为 0，则说明这一企业处

---

① 好产出也被称为合意产出(desirable output)，坏产出也被称为非合意产出(undesirable output)。

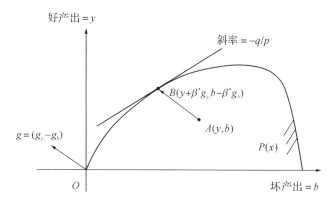

图 5-1　方向产出距离函数

于生产前沿,其生产是完全有效率的。相反,一个正的 β 值则说明该企业的生产存在无效率情况。在生产无效率情况下,企业可以通过沿着方向向量增加好产出,同时减少坏产出,最终到达生产前沿。β 值越大,说明企业生产的技术无效率越高,或者说企业生产的技术效率越低。

方向产出距离函数继承了其生产集 $P(x)$ 的基本性质,Färe、Grosskopf、Noh 等 (2005)对此进行了详细阐述。具体而言,方向产出距离函数拥有如下性质:

(1) $\vec{D}(x, y, b; g_y, -g_b) \geqslant 0$,当且仅当 (y, b) 是 $P(x)$ 的一个元素;

(2) $\vec{D}(x, y', b; g_y, -g_b) \geqslant \vec{D}(x, y, b; g_y, -g_b)$,对于 $(y', b) \leqslant (y, b) \in P(x)$;

(3) $\vec{D}(x, y, b'; g_y, -g_b) \geqslant \vec{D}(x, y, b; g_y, -g_b)$,对于 $(y, b') \geqslant (y, b) \in P(x)$;

(4) $\vec{D}(x, \theta y, \theta b; g_y, -g_b) \geqslant 0$,对于 $(y, b) \in P(x)$ 且 $0 \leqslant \theta \leqslant 1$;

(5) $\vec{D}(x, y, b; g_y, -g_b)$ 对 $(y, b) \in P(x)$ 是凹的。

第一个性质表明,对于任何一个可行的生产向量,$\vec{D}(x, y, b; g)$ 是非负的。第二个性质表明,方向产出距离函数 $\vec{D}(x, y, b; g)$ 对好产出 y 是单调的。第三个性质说明,给定投入和好产出不变,如果坏产出增加,则技术无效率不会降低(或者说技术效率不会增加)。第四个性质对应好产出和坏产出的弱处置特性。最后一个性质则可以帮助确定产出替代弹性的符号。

此外,容易证明,方向产出距离函数还满足转换性质(translation property):

$$\vec{D}(x,y+\alpha g_b,b-\alpha g_b;g_y,-g_b) = \vec{D}(x,y,b;g_y,-g_b) - \alpha \quad (5.3)$$

其中,α 是一个标量。转换性质意味着,如果在好产出扩张了 αg_y 的同时,坏产出缩减了 αg_b,那么方向距离函数的值将减少 α。换句话说,生产单位的技术无效率将被减少 α。

5.2.2 坏产出的影子价格

为了求出坏产出的影子价格,需要使用方向产出距离函数和收益函数之间的对偶性质。

参考 Färe、Grosskopf 和 Weber(2006)的方法,可以将生产者的收益函数设定如下:

$$R(x,p,q) = \max^{y,b}\{py - qb : \vec{D}(x,y,b;g) \geqslant 0\} \quad (5.4)$$

其中,$p = (p_1,\cdots,p_M) \in \mathbf{R}_+^M$ 和 $q = (q_1,\cdots,q_J) \in \mathbf{R}_+^J$ 分别是好产出和坏产出的价格。收益函数描述了一个生产者面对好产出价格 p 和坏产出价格 q 时,可以获得的最大可行收益。

若产出向量 (y,b) 是可行的,那么,通过沿着方向向量 g 移动该产出向量,从而消除生产的技术无效率,也是可行的。也就是说,如果 $(y,b) \in P(x)$,那么,必然有 $(y+\beta g_y,b-\beta g_b) \in P(x)$。因此,给定一个可行的方向向量 $g = (g_y,g_b)$,可以得到如下结果:

$$R(x,p,q) \geqslant (py - qb) + p\vec{D}(x,y,b;g)g_y + q\vec{D}(x,y,b;g)g_b \quad (5.5)$$

公式(5.5)的左边表示最大可行的收益,而右侧对应于观察到的收益再加上技术效率收益。技术效率的改善可以分解为两部分,一部分是好产出沿 g_y 增加获得的收益,另一部分是坏产出沿 g_b 减少而获得的收益。

重新整理公式(5.5),可以得到如下公式:

$$\vec{D}(x,y,b;g) \leqslant \frac{R(x,p,q) - (py - qb)}{pg_y + qg_b} \quad (5.6)$$

因此,方向产出距离函数可以通过收益函数来获得:

$$\vec{D}(x,y,b;g) = \min^{p,q}\left\{\frac{R(x,p,q) - (py - qb)}{pg_y + qg_b}\right\} \quad (5.7)$$

对方程(5.7)应用两次包络定理,可以得到两个一阶条件:

$$\nabla_y\vec{D}(x,y,b;g) = \frac{-p}{pg_y + qg_b} \quad (5.8)$$

$$\nabla_b \vec{D}(\boldsymbol{x},\boldsymbol{y},\boldsymbol{b};\boldsymbol{g}) = \frac{\boldsymbol{q}}{\boldsymbol{p}\boldsymbol{g}_y + \boldsymbol{q}\boldsymbol{g}_b} \tag{5.9}$$

给定第 m 种好产出的市场价格,可以得到第 j 种坏产出的影子价格,其计算公式如下:

$$q_j = -p_m \left[\frac{\dfrac{\partial \vec{D}(\boldsymbol{x},\boldsymbol{y},\boldsymbol{b};\boldsymbol{g})}{\partial \boldsymbol{b}_j}}{\dfrac{\partial \vec{D}(\boldsymbol{x},\boldsymbol{y},\boldsymbol{b};\boldsymbol{g})}{\partial \boldsymbol{y}_m}} \right], \quad j = 1,\cdots,J \tag{5.10}$$

图 5-1 描绘了一种好产出和一种坏产出的最简单情况。对于一个坐标点 (y,b),影子价格的比率 $(-q/p)$ 是该坐标点在生产集 $P(\boldsymbol{x})$ 的边界上的切线的斜率。它反映了在生产集 $P(\boldsymbol{x})$ 的边界上(此时生产是完全有效率的),生产者在好产出和坏产出之间的权衡。

5.2.3　Morishima 替代弹性

考察好产出和坏产出影子价格的比例(生产集 $P(\boldsymbol{x})$ 边界上的曲率),如何随着相对污染强度(坏产出和好产出的比例)的变动而变动,显然是重要的。这一基本思想,引出了 Morishima 影子价格产出替代弹性(Blackorby 和 Russell,1981)。

依据 Färe、Grosskopf、Noh 等(2005)的论述,在一种好产出和一种坏产出情况下,Morishima 替代弹性定义如下:

$$M_{by} = \frac{\partial \ln(\dfrac{q}{p})}{\partial \ln(\dfrac{y}{b})} \tag{5.11}$$

方程(5.11)可以用方向产出距离函数来表示,其计算公式如下:

$$M_{by} = y^* \left[\frac{\dfrac{\partial^2 \vec{D}(x,y,b;g)}{\partial b \partial y}}{\dfrac{\partial \vec{D}(x,y,b;g)}{\partial b}} - \frac{\dfrac{\partial^2 \vec{D}(x,y,b;g)}{\partial y \partial y}}{\dfrac{\partial \vec{D}(x,y,b;g)}{\partial y}} \right] \tag{5.12}$$

其中,$y^* = y + \vec{D}(x,y,b;g)$。容易证明,在特定条件下,$M_{by}$ 的符号是负的。M_{by} 的值越小,则说明,给定好产出和坏产出比值一定幅度的变化,将导致好产出与坏产出影子价格比值更大幅度的相应变化。也就是说,当 Morishima 替代弹性 M_{by} 变得更小时,生产者减少一单位坏产出的成本变得更大。

5.3 实证设定

正如上文中所提到的，方向产出距离函数既可以用参数化方法（parametric approach）进行估计，也可以用非参数化方法（non-parametric approach）进行估计。本研究采用参数化方法进行估计，其理由是参数化方法具有可导性优点。

参数化方法估计方向产出距离函数，首要的是对方向产出距离函数的具体函数形式进行设定。到目前为止，仅有一种函数形式是满足转换性质的，即二次函数形式。二次型函数满足转换性质且是二次可导的，而且是一种相当灵活的函数设定形式，因此，以往研究大多采用了二次型函数形式对方向产出距离函数进行参数化设定，包括 Chambers、Chung 和 Färe (1998)，Färe、Grosskopf、Noh 等 (2005) 以及 Murty、Kumar 和 Dhavala (2007) 等。

考虑到估计的可行性和数据的可获性情况，考虑三种投入、一种好产出和一种坏产出的情况。方向向量需要事先设定。根据 Färe、Grosskopf、Noh 等 (2005) 的建议，本研究将方向向量设定为 $(g_y, g_b) = (1,1)$，这一设定意味着，在好产出扩张的同时，我们要求坏产出相同幅度地缩减。

假设有 $k=1,\cdots,K$ 个省份在 $t=1,\cdots,T$ 年进行生产，那么，第 k 个省在第 t 年的二次型方向产出距离函数可以表示为如下函数：

$$\vec{D}_o(x_k^t, y_k^t, b_k^t; 1, -1) = \alpha + \sum_{n=1}^3 \alpha_n x_{nk}^t + \beta_1 y_k^t + \gamma_1 b_k^t + \frac{1}{2}\sum_{n=1}^3 \sum_{n'=1}^3 \alpha_{nn'} x_{nk}^t x_{n'k}^t$$

$$+ \frac{1}{2}\beta_2(y_k^t)^2 + \frac{1}{2}\gamma_2(b_k^t)^2 + \sum_{n=1}^3 \eta_n x_{nk}^t b_k^t + \sum_{n=1}^3 \delta_n x_{nk}^t y_k^t + \mu y_k^t b_k^t$$

$$(5.13)$$

为了控制住省份效应和时间效应，参照 Färe、Grosskopf 和 Weber (2006) 的做法，在方程 (5.13) 的截距项中加入省份虚拟变量 S 和时间虚拟变量 T：

$$a = a_0 + \sum_{k=1}^{K-1} \lambda_k S_k + \sum_{t=1}^{T-1} \tau_t T_t \qquad (5.14)$$

其中，λ_k 和 τ_t 是虚拟变量的系数。如果 $k' = k$，则省份虚拟变量 $S_{k'} = 1$，否则为 0。同样，如果 $t' = t$，则时间虚拟变量 $\tau_{t'} = 1$，否则为 0。

参照 Aigner 和 Chu (1968) 的做法，应用一种确定性的线性规划方法求解方程(5.13)中的参数,该方法要求方向产出距离函数的估计值与生产前沿的偏差之和最小。这一方法的好处在于,可以为二次型方向产出距离函数设定参数的约束条件。

$$\min \sum_{t=1}^{T} \sum_{k=1}^{K} (\vec{D}(\boldsymbol{x}_k^t, y_k^t, b_k^t; 1, -1) - 0)$$

s. t. (i) $\vec{D}(\boldsymbol{x}_k^t, y_k^t, b_k^t; 1, -1) \geqslant 0$, $\quad k = 1, \cdots, K$; $\quad t = 1, \cdots, T$

(ii) $\vec{D}(\boldsymbol{x}_k^t, y_k^t, 0; 1, -1) < 0$, $\quad k = 1, \cdots, K$; $\quad t = 1, \cdots, T$

(iii) $\dfrac{\partial \vec{D}(\boldsymbol{x}_k^t, y_k^t, b_k^t; 1, -1)}{\partial b} \geqslant 0$, $\quad k = 1, \cdots, K$; $\quad t = 1, \cdots, T$

(iv) $\dfrac{\partial \vec{D}(\boldsymbol{x}_k^t, y_k^t, b_k^t; 1, -1)}{\partial y} \leqslant 0$, $\quad k = 1, \cdots, K$; $\quad t = 1, \cdots, T$

(v) $\dfrac{\partial \vec{D}(\bar{\boldsymbol{x}}, y_k^t, b_k^t; 1, -1)}{\partial \boldsymbol{x}_n} \geqslant 0$, $\quad n = 1, 2, 3$; $\quad k = 1, \cdots, K$;

$$t = 1, \cdots, T$$

(vi) $\beta_1 - \gamma_1 = -1$, $\quad \beta_2 = \gamma_2 = \mu$, $\quad \delta_n - \eta_n = 0$, $\quad n = 1, 2, 3$

(vii) $\alpha_{n,n'} = \alpha_{n',n}$; $\quad n, n' = 1, 2, 3$ $\hfill$ (5.15)

在公式(5.15)中,第一组约束(i)保证所有的观察值都是可行的,即要求所有的方向产出距离函数的估计值都必须为非负,这意味着每一个观察值都处于生产边界的下方或生产边界上。第二组约束(ii)是联合生产约束,该约束的含义是,对于任何 $y > 0$,生产组合 $(y, 0)$ 在技术上是不可行的(Marklund 和 Samakovlis,2007)。不等式约束(iii)和(iv)分别是坏产出和好产出的单调性约束,即要求在其他条件不变的情况下,坏产出的增加导致技术效率的降低,而好产出的增加会导致技术效率的提高,这些约束条件保证估计的影子价格具有正确的符号。参照 Färe、Grosskopf 和 Weber (2006)的做法,同时也对投入施加正的单调性约束,但是这一约束在均值的时候成立。该约束的含义是,在保持好产出和坏产出不变的情况下,增加投入会导致方向产出距离函数值的增加。第六组参数约束(vi)是二次函数形式下方向产出距离函数的转换性质。另外,在第七组约束(vii)中施加对称性约束。

一旦方向产出距离函数的参数被估计出来,就可以为每一个省份计算出每一年的坏产出影子价格及 Morishima 替代弹性。将估计的二次函数方向距离函数代入公式(5.10),坏产出的影子价格可以写成如下形式:

$$q = -p\frac{\gamma_1 + \gamma_2 b + \sum_{n=1}^{3} \eta_n x_n + \mu y}{\beta_1 + \beta_2 y + \sum_{n=1}^{3} \delta_n x_n + \mu b} \tag{5.16}$$

而 Morishima 替代弹性则可以被写成：

$$M_{by} = y^* \left[\frac{\mu}{\gamma_1 + \gamma_2 b + \mu y + \sum_{n=1}^{N} \eta_n x_n} - \frac{\beta_2}{\beta_1 + \beta_2 y + \mu b + \sum_{n=1}^{N} \delta_n x_n} \right]$$

$$\tag{5.17}$$

5.4 数据和描述性统计

考虑一种好产出、一种坏产出以及三种投入的情况，其中，好产出是年度地区生产总值(Y)，坏产出是二氧化碳排放量(B)，三种投入分别是劳动(L)、资本(K)与能源(E)。本研究的数据是覆盖中国 30 个省（自治区、直辖市）的省级加总数据。鉴于中国的节能减排政策在 2001 年正式开始实施，本研究将数据样本期间限定在 2001—2005 年（"十五"时期）和 2006—2010 年（"十一五"时期）两个时间段，这样有利于保持分析政策的一致性，也有利于避免模型的结构突变问题。[①]

为了消除通货膨胀的影响，将地区生产总值数据统一折算到 2005 年的价格。劳动投入数据用各省年末就业人数来衡量。地区生产总值和劳动投入的数据都来自《中国统计年鉴》。能源消费量以标准煤衡量，能源数据收集自各省的统计年鉴。

资本存量数据无法直接从任何统计年鉴中得到。但是，可以用下面的永续盘存法对其进行估计：

$$K_{i,t} = K_{i,t-1}(1 - \rho_i) + I_{i,t} \tag{5.18}$$

其中：$I_{i,t}$ 和 $K_{i,t}$ 分别是第 i 个省在第 t 年的总投资和资本存量；$K_{i,t-1}$ 则是第 i 个省第 $t-1$ 年的资本存量；ρ_i 是折旧率。

初始资本存量和折旧率取自张军、吴桂英和张吉鹏（2004），而年度总投资的数据取自《中国统计年鉴》。同样，将相关数据统一折算到 2005 年的价格。

二氧化碳排放量的数据也无法直接获得。根据 IPCC（2006）提供的方法，可以自己估计燃烧化石燃料排放的二氧化碳量，估计公式如下：

---

① 因为数据可获性问题，没有将西藏纳入分析。

$$CO_2 = \sum_{i=1}^{6} E_i \times CF_i \times CC_i \times COF_i \times \frac{44}{12} \tag{5.19}$$

其中:i 是不同种类的化石能源,包括煤炭、汽油、煤油、柴油、燃料油和天然气;变量 E_i、CF_i、CC_i 和 COF_i 分别表示能源消费量、转换因子、碳含量和碳氧化因素。$\frac{44}{12}$ 是一个碳原子与两个氧原子结合的质量和一个氧原子的质量比率。各省燃料消耗的数据取自《中国能源统计年鉴》中的分地区能源平衡表。更为详细的论述,请参考第 3 章内容。

表 5-1 列出了全国和东、中、西部三大不同区域的投入和产出的描述性统计。[①] 表中报告的是变量的均值,括号中报告的是标准误。从表 5-1 可以观察到,东部地区的生产总值和资本存量都要远远高于中部地区和西部地区。与此同时,东部地区有较高的能量消耗,而且排放更多的二氧化碳。

表 5-1　2001—2010 年投入和产出的描述性统计

地区	投入			好产出	坏产出
	劳动（万人）	资本（亿元）	能源（万吨）	GDP（亿元）	CO_2 排放量（万吨）
中国	2301 (1523)	15808 (13857)	8921 (6336)	7535 (6903)	16949 (12437)
东部地区	2495 (1704)	24427 (17365)	11721 (8122)	12180 (8778)	21639 (15864)
中部地区	2758 (1434)	13831 (8594)	9054 (4250)	6642 (3410)	18231 (8730)
西部地区	1775 (1223)	8628 (6463)	6025 (3831)	3540 (2598)	11326 (7881)

注:括号中为标准误。

5.5　实证结果

为了避免数据不收敛的问题,我们必须对数据进行正规化处理,即将投入和产出数据分别除以各自的样本均值(Färe、Grosskopf、Noh 等,2005)。

[①] 东部地区包括北京、天津、河北、辽宁、上海、江苏、浙江、福建、山东、广东和海南。中部地区包括山西、吉林、黑龙江、安徽、江西、河南、湖北和湖南。西部地区包括内蒙古、甘肃、四川、重庆、贵州、云南、陕西、甘肃、青海、宁夏和新疆。

这一标准化意味着，如果一个省的投入产出数据是 $(x, y, b) = (1, 1, 1)$，则这个省是用平均值投入生产、平均值产出。

5.5.1 技术无效率

通过求解公式(5.15)中的线性规划问题，可以估计出二次函数形式的方向产出距离函数的参数。我们使用 MATLAB 软件进行该线性规划的求解(具体参数的估计值在附表 5-1A 中报告)。一旦估计出参数值，通过将估计的参数代回方程(5.13)，可以计算出每个省每年的方向产出距离函数的值。

方向产出距离函数可以作为衡量技术无效率的指标，因为它给出了好产出扩张和坏产出收缩的最大可能值。如果方向性距离函数等于零，则该省份的生产是完全有效的，处于生产前沿。一个正的方向产出距离函数值，意味着该省生产过程中存在技术无效率。方向产出距离函数的值越大，则意味着技术无效率也越大。

图 5-2 画出了各省在"十五"和"十一五"期间，方向产出距离函数的核密度曲线(kernel density curves)。从图 5-2 中可以观察到，核密度曲线随时间的推移向右移动。曲线的峰值变得更低，方向产出距离函数估计值的分布也变得更分散，这表明技术无效率的均值和方差随时间增加了。也就是说，随着时间的推移，高技术效率的省份变得更少了，而低技术效率的省份反而变得更多了(更详细的方向产出距离函数估计结果在附表 5-2A 中报告)。

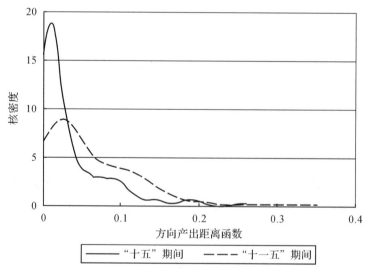

图 5-2 "十五"和"十一五"期间方向产出距离函数估计值的核密度

图 5-3 进一步报告了 2001—2010 年东、中、西部三大不同地区和全国的方向产出距离函数估计值的平均值(更详细的方向产出距离函数估计结果在附表 5-2A 中报告)。从图 5-3 中可以观察到,中国各省的平均技术无效率几乎在整个样本期间内都是增加的。三大地区的平均技术无效率的动态变动趋势显示,不同地区之间存在巨大的差异。东部地区的曲线存在较大的起伏,2004 年之前呈现下降态势,但是 2005 年出现了短暂的大幅度上升,2006—2008 年又呈现出下降的态势,但是 2008—2010 年又出现了大幅度上升的趋势。与东部地区不同,西部和中部地区,尤其是西部地区,在整个样本期间内,技术无效率值大幅度快速上升,但是中部地区的上升速度要远小于西部地区。

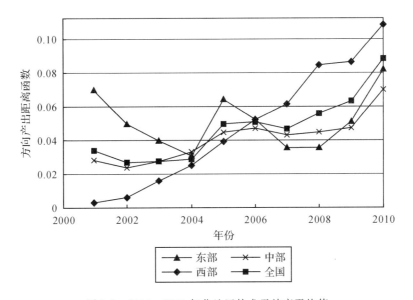

图 5-3　2000—2010 年分地区技术无效率平均值

可以发现,在 2005 年之前,东部地区的技术无效率平均值远高于西部和中部地区,其中以西部地区最低,但是到 2004 年,三大地区的技术无效率值已经非常接近。在 2006—2010 年期间,这一趋势发生了逆转,西部地区的技术无效率值变得远高于中部地区和东部地区。其中,东部地区和中部地区比较接近,出现此消彼长的情况,即 2006—2008 年,东部地区的技术无效率值要低于中部地区,但是 2009—2010 年,则出现了相反的情况。

讨论地区技术无效率差异背后的驱动因素是有益的。一般来说,1978 年的经济改革之后,中国的东部地区比西部和中部地区要更发达。为了实现更为均衡的区域发展,2000 年之后中国政府开始实施"西部大开发"战略。自 2004 年以来,中部地区的发展也已成为政策制定者的关注焦点,"中部崛起"战略开始得到重视。从那时开始,许多以前位于东部地区的能源密集型企业转移到了西部和中部地区,而东部地区则逐渐开始增加服务业和高科技产业的比重。因此,西部和中部地区平均技术无效率增加速度远高于东部地区是正常的。而东部地区技术无效率值的波动则可能是受经济增长周期的影响,一旦经济形势不太乐观,东部地区省份很可能重新发展高耗能的产业,导致二氧化碳排放的增加,而经济形势好转以后,东部省份又开始重新回到经济转型的轨道。从本质上讲,图 5-3 展示的是重工业从东部地区向中、西部地区转移以及东部地区产业升级的发展模式和过程。

5.5.2 二氧化碳减排潜力

估计出方向产出距离函数的具体值以后,可以通过下面的公式进一步估算出二氧化碳减排的潜力:

$$\Delta b_{i,t} = b_{i,t} - (b_{i,t} - \beta_{i,t}g_b) \tag{5.20}$$

式中:$b_{i,t}$ 和 $\beta_{i,t}$ 分别是第 i 个省第 t 年的二氧化碳排放量和技术无效率估计值;g_b 是坏产出的方向向量;$b_{i,t}^* = (b_{i,t} - \beta_{i,t}g_b)$ 是第 i 个省第 t 年所能达到的最小二氧化碳排放量,即该省份处于生产前沿时的排放量。省与省之间的潜在减排规模存在很大的差异,这就很难比较各省减排的相对比例。为了便于比较,把各省估计的潜在二氧化碳减排规模除以每个省实际观察到的二氧化碳排放量,提供了一个可用于比较各地区二氧化碳减排潜力的百分比值。

图 5-4 显示了 2001—2010 年东、中、西部三大区域和整个国家的二氧化碳减排潜力百分比情况。从图 5-4 中可以观察到,二氧化碳减排潜力比率的模式反映了技术无效率值的情况。这一点并不令人惊讶,因为二氧化碳减排潜力比率指标正是根据各省的技术无效率值计算的。

从国家层面看,中国的二氧化碳减排潜力的百分比在 4％～6％ 波动,这意味着中国有可能进一步减少 4％～6％ 的二氧化碳排放量,当然其前提是所有省份的生产都是技术有效率的。各地区的减排潜力有很大差别,具体而言,东部地区的二氧化碳减排潜力波动较大,但是总体上相对较小,基本上处于 4％ 以下,虽然 2003 年以前超过 4％,但是此后下降比较明显;中部地区的二氧化碳减排潜力和东部地区相似,但是要比东部地区稳定,整个样本期间都处于 4% 左右的水平;相对而言,西部地区的二氧化碳减排潜力最大,而且呈现持续快速上升的趋势,从 2001 年的 1% 左右,上涨到 2010 年的超过 10%。

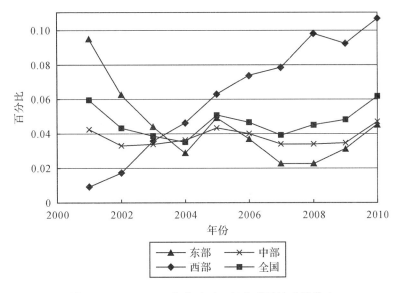

图 5-4   2001—2010 年分地区二氧化碳平均减排潜力

5.5.3   二氧化碳减排的影子价格

根据方程(5.16),如果二次函数形式的方向产出距离函数的参数已估计,而且好产出的市场价格是已知的,那么就可以计算出坏产出的价格。也就是说,在估计出参数以后,只要地区生产总值的市场价格是已知的,则可以估算出二氧化碳减排的影子价格。值得注意的是,由于对投入和产出数据进行了标准化处理,因此在计算影子价格时,需要进行相应的调整,即要乘以地区生产总值的均值和二氧化碳排放量的均值的比例。不失一般性,可以将好产出的市场价格设为 1,即将各省的地区生产总值(GDP)的市场价格设为 1,每 1 元地区生产总值的市场价格正好是 1 元。这样的假设是合理的。

图 5-5 显示"十五"和"十一五"时期各省影子价格的核密度函数(更详细的影子价格估计在附表 5-3A 中报告)。从图中可以观察到,随着时间的推移,核密度曲线向右移动,估计值的分布范围变得更广泛,曲线的峰值变低了。这表明各省影子价格分布的均值和方差增加了。"十五"期间,影子价格平均约为 1000 元/吨,主要分布在 100 元/吨至 2100 元/吨的范围内。"十一五"期间,影子价格的分布显著不同。到 2010 年年底,额外减少 1 吨二氧

化碳排放量,平均成本上涨到 1580 元左右。影子价格的分布范围变得更大,主要分布在 300~5800 元/吨。

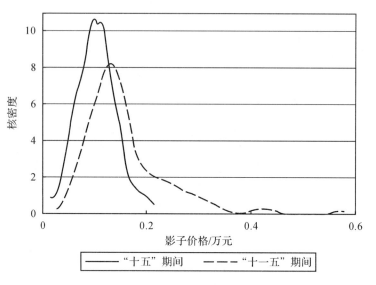

图 5-5 "十五"和"十一五"期间影子价格的核密度估计

图 5-6 进一步说明东、中、西部三大不同区域和全国的平均影子价格(更详细的影子价格估计在附表 5-4A 中报告)。从图中可以观察到,2001—2010 年,整个国家二氧化碳减排的平均影子价格不断大幅增加。具体而言,2001 年全国二氧化碳减排的影子价格约为 1000 元/吨,到了 2010 年,全国二氧化碳减排的影子价格已经超过了 2000 元/吨,年均增长率为 8% 左右。全国影子价格的增长趋势存在加速提高的趋势,2006—2010 年的增长率要明显高于 2001—2005 年。

地区间二氧化碳减排的影子价格是不平衡的。东部地区的平均影子价格远远高于西部地区和中部地区。这表明,与中部和西部地区相比,东部地区控制二氧化碳排放的成本更高。这很容易理解,虽然东部地区的排放总量远高于西部地区和中部地区,但是东部地区的经济结构更为低碳化和高技术化,要在此基础上继续减排,必然要付出更大的成本。中部地区和西部地区相比,其二氧化碳减排的影子价格存在此消彼长的关系。2001—2008 年,中部地区二氧化碳减排的影子价格要比西部地区低,但是 2009—2010 年,情况发生了逆转,中部地区的影子价格略微超过了西部地区,这可能和西部地区大规模发展高耗能产业有重要关系。

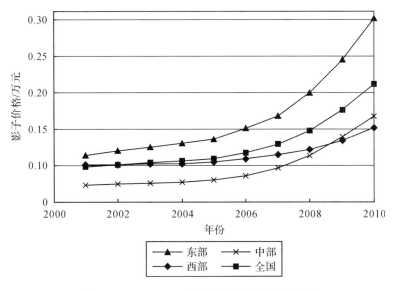

图 5-6 2001—2010 年分地区影子价格平均值

表 5-2 将本研究的二氧化碳减排边际成本估计结果与以往研究的估计结果进行了比较。为了方便比较,根据各年份相应的汇率,将所有的影子价格估计值转换成美元价格。从表中可以看出,以往研究中报告的影子价格估计值差异很大,这可能是因为使用了不同的数据集和估算方法的缘故。

表 5-2 与以往研究结果的比较

以往研究	方法	时期	样本	影子价格均值（美元/吨）
Wang 等（2011）	DEA	2007 年	30 省（自治区、直辖市）	62.5
Choi 等（2012）	DEA	2001—2010 年	30 省（自治区、直辖市）	6.54～7.44
Lee 和 Zhang（2012）	SDF＋LP	2009 年	30 产业	3.13
Yuan 等（2012）	DEA	2004 年 2008 年	24 产业	2695 3016
Wei 等（2012）	DEA	1995—2007 年	30 省（自治区、直辖市）	13.9
Wei 等（2013）	DDF＋LP DDF＋ML	2004 年	124 电力企业	248.2 73.8
本文	DDF＋LP	2001—2010 年	30 省（自治区、直辖市）	120～310

注:(1)SDF、DDF、LP、ML、DEA 分别表示谢泼尔德距离函数、方向产出距离函数、线性规划、极大似然估计、数据包络分析。

(2)为了方便比较,所有的影子价格根据相应的汇率转换成美元。

Wang、Cui、Zhou 等（2011）对中国 30 个省（自治区、直辖市）2007 年的二氧化碳减排影子价格进行了估计，他们的估计方法是非参数数据包络分析，结果显示，2007 年，中国各省影子价格的平均值大约是 62.5 美元/吨。Wei、Ni 和 Du（2012）也基于非参数数据包络分析方法估计了中国 30 个省（自治区、直辖市）的二氧化碳减排影子价格，但是他们发现，1995—2007 年，中国各省二氧化碳减排的影子价格均值仅为 13.9 美元/吨左右。Choi、Zhang 和 Zhou（2012）基于数据包络分析方法，估计了中国 30 个省（自治区、直辖市）2001—2010 年二氧化碳减排的影子价格，他们的研究发现，2001—2010 年，中国省级二氧化碳减排影子价格平均值位于 6.54～7.44 美元/吨的范围内。Yuan、Hou 和 Xu（2012）也对中国的 24 个产业的二氧化碳减排影子价格进行了估计，其估计方法是非参数数据包络分析。他们发现，中国 24 个产业二氧化碳减排的影子价格在 2004 年为 2695 美元/吨。在 2008 年则为 3016 美元/吨，他们的估计值远超其他研究的估计值。

Lee 和 Zhang（2012）对中国 30 个制造业产业 2009 年的二氧化碳减排的影子价格进行了估计，他们的估计主要基于谢泼尔德距离函数和线性规划方法。研究结果发现，中国 30 个制造业产业的平均影子价格仅为 3.13 美元/吨左右。在最近的研究中，Wei、Löschel 和 Liu（2013）估计了浙江省的 124 家火力发电企业二氧化碳减排的影子价格，他们采用了两种不同的估计方法，第一种是参数化的线性规划方法，第二种是参数化的随机前沿分析方法，两种方法都结合了方向产出距离函数进行估计，他们的研究结果显示，浙江省火力发电企业的二氧化碳减排成本约为 248.2 美元/吨（线性规划方法估计）和 73.8 美元/吨（极大似然法估计）。

Wei、Löschel 和 Liu（2013）的估计结果可以和本研究的估计结果直接进行比较，因为两者都使用了相同的方法（方向产出距离函数、二次函数形式、参数化线性规划估计）。从表 5-2 中可以发现，虽然本研究的估计结果要比 Wei、Löschel 和 Liu（2013）略低，但是基本处于同一个量级水平。

估计的影子价格差异如此之大，一个主要的原因是估计方法的不同。在参数化估计中，谢泼尔德方向距离函数和超越对数函数设定所得到的结果（好产出和坏产出成比例变动）始终要低于使用方向产出距离函数和二次函数设定所得到的结果（允许好产出扩张的同时坏产出缩减）。这是因为，前一种估计技术将生产组合投影到生产边界较为平缓的部分，而后者则投影到了较为陡峭的部分（Färe、Grosskopf、Noh 等 2005；Vardanyan 和 Noh，2006）。对于数据包络分析方法，一些有效的观测值可能位于拐点，这意味着对于这些点无法获得唯一的影子价格估计值。因此，对这些点斜率的选择将在很大程度上影响影子价格的大小（Lee，2002）。此外，数据集及样本时期的不同也可能会影响研究的结果。

值得注意的是，在解释本文估计的影子价格时应特别谨慎。从图 5-1 中我们可以看到，生产组合投影到生产边界的切线斜率决定了影子价格的大小。这一切线反映了最有效的观察值的机会成本。通常，位于边界内的点有较低的边际成本（Murty、Kumar 和 Dhavala，2007）。换句话说，切线衡量的是，当这些生产者是所有观察值中最有效率的点时减少一吨二氧化碳排放所耗费的成本，但是影子价格并没有揭示这些点移动到生产前沿的成本是多少。影子价格的这些缺陷并不意味着计算影子价格是毫无意义的，至少，基于模型计算所得的影子价格为边际减排成本的估计提供了一个可预测的上限。

此外，估计的影子价格与市场价格是不同的。例如，中国目前已经在七省市建立了碳交易市场试点，包括北京、上海、天津、重庆、广东、湖北、深圳，从目前的情况来看，交易量仍然比较小，囊括的行业也非常有限，其市场价格也远远低于本研究所估计的边际减排成本值。这并不值得奇怪，影子价格衡量的是机会成本，换句话说，影子价格意味着为了减少二氧化碳排放所必须放弃的地区生产总值的价值，然而，市场价格主要是由供给和需求决定的，因此，碳交易市场价格并不一定反映所有的二氧化碳减排成本（Smith、Platt 和 Ellerman，1998；Wei、Löschel 和 Liu，2013）。

考察二氧化碳减排的影子价格的潜在影响因素是有意义的，这不仅可以揭示是什么因素导致减排成本的提高，也可以提出有针对性的政策提供依据。为此，考虑如下面板回归模型：

$$\ln q_{i,t} = \alpha + \beta X_{i,t} + \gamma_i + \lambda_t + \varepsilon_{i,t} \tag{5.21}$$

式中：$q_{i,t}$ 是二氧化碳减排的影子价格；$X_{i,t}$ 是影响因素；γ_i 是个体效应；λ_t 是时间效应；$\varepsilon_{i,t}$ 是扰动项。对影子价格变量取对数形式。

考虑如下二氧化碳减排的影响因素：

• 人均地区生产总值（per_GDP）　大量以往研究发现，人均生产总值和人均二氧化碳排放之间存在非线性关系（Tucker，1995），而这可能进一步影响二氧化碳影子价格和人均生产总值之间的关系。为了检验这一假设，在回归模型中加入各省份人均生产总值的一次项和二次项。地区生产总值数据和人口数据都取自《中国统计年鉴》。地区生产总值数据折算到 2005 年水平。

- 产业结构（ratio_industry）　通常，工业要比农业和服务业使用更多的能源，也要排放更多的二氧化碳。因此，可以预期工业部门的二氧化碳影子价格会和其他部门不同。为了构建一个能够衡量每个省产业结构的指标。我们用各省工业增加值占该省生产总值的比重来表示产业结构。相关数据来源于《中国统计年鉴》。

- 能源消费结构（ratio_coal）　燃煤排放的二氧化碳远远高于天然气和石油排放的二氧化碳（Zhang，2000）。本研究使用煤炭在能源消费总量中所占的份额来表示能源消费结构，以期考察燃料结构变动对各省二氧化碳排放的影响。有关各省煤炭和能源消费总量的数据来源于《中国能源统计年鉴》。

- 能源强度和碳强度（inten_energy 和 inten_carbon）　通常，能源强度和碳强度在能源使用中作为技术进步的代理变量（Fan、Liu、Wu 等，2006）。因此，考察能源强度和碳强度在不同省份、不同时期的异质性和变差是有必要的。在回归模型中，将只包括这两个变量中的一个，因为它们都是高度相关的。相关数据来自《中国能源统计年鉴》和《中国统计年鉴》。

- 资本劳动比（inten_CL）　资本和劳动密集度反映了一个经济体的基本资源分配情况。通常，更高的资本劳动比意味着更高的生产技术，这可能会进一步影响二氧化碳减排成本。本研究使用资本投入与劳动力投入的比率来衡量资本劳动比例。

- 私家车数量（vehicle）　机动车已经对中国的二氧化碳减排产生了不利的影响（Riley，2002）。因此，在回归模型中包括了私有车辆的比率指标。衡量私家车数量的单位是每 1 万人拥有的私家车数量。私家车数量的数据来源于《中国汽车市场年鉴》。

表 5-3 列出了主要回归变量的描述性统计。从表中可以观察到，二氧化碳减排的影子价格均值在 1300 元/吨左右，人均生产总值约为 1.84 万，工业比重为 39％左右，煤炭消费比重为 77％左右，每一劳动人口的资本配备量为 8 万元左右，能源强度和碳强度分别为 1.51 吨/万元和 2.87 吨/万元，私有车辆保有量为 228 辆/万人。各变量在省份和年份之间有足够的变差，这有利于进行回归分析。

表 5-3　主要回归变量的描述性统计

变量名	定义	单位	观察值	均值	标准差	最小值	最大值
MAC	影子价格	万元	300	0.13	0.07	0.01	0.58
Per_GDP	人均生产总值	万元	300	1.84	1.33	0.35	7.42
Raio_Industry	工业比重	—	300	0.39	0.09	0.13	0.59
Ratio_coal	煤炭消费比重	—	300	0.77	0.13	0.30	0.94
Inten_CL	资本劳动比	万元/人	300	8.00	6.13	1.40	39.94
Inten_energy	能源强度	吨/万元	300	1.51	0.76	0.54	4.13
Inten_carbon	碳强度	吨/万元	300	2.87	1.63	0.73	8.51
vehicle	私家车数量	辆/万人	300	228.24	250.20	19.15	1894.25

　　表 5-4 报告了估计结果。为了考察估计结果的稳健性，总共估计了 5 个回归模型。模型(1)是一个基本的单向固定效应模型(one-way fixed effect model)，这一回归模型考虑了每个省的个体效应。模型(2)扩展了模型(1)，即通过加入一个时间趋势变量来考察时间效应，这一模型仍然属于单向固定效应模型。模型(3)是一个双向固定效应模型(two-way fixed effect model)，在回归模型中同时包含了个体效应和时间效应。可以使用改进后的 Wald 统计量来检验模型的组间异方差(Greene，2003)，并用 Wooldridge 统计量来检验模型的序列相关问题(Wooldridge，2002)。检验结果表明，存在显著的异方差和序列相关问题。因此，采取可行的广义最小二乘估计量(Feasible Generalized Least Square，FGLS)对面板数据模型进行估计。假设各组间误差项相互独立且各组的序列相关性服从 AR(1)模式。FGLS 的估计结果在模型(4)—(5)中报告。

　　从表 5-4 中可以观察到，人均地区生产总值的二次项系数在所有回归中都是在 1% 显著水平显著的，这说明存在一个正 U 形曲线关系。由于 2005 年中国的人均生产总值已经超过了转折点(合 15000 元人民币)，可以预期，随着人均 GDP 的增长，二氧化碳的减排成本将更高。资本劳动比和产业结构的影响也是显著的。工业部门在国民经济中所占的比重越高，则二氧化碳减排成本越低。资本劳动比高的省份需要支付更多的二氧化碳边际减排费用。在 FGLS 估计中，能源强度和碳强度的影响是显著的。这两个变量的系数都是负的，这说明能源强度和碳强度越高的省份，二氧化碳减排的成本越低。这一发现和预期是一致的。能源消费结构和私家车拥有量对影子价格的影响则不够显著。

表 5-4　估算结果

因变量:ln(MAC)	(1)	(2)	(3)	(4)	(5)
ln(per_GDP)	−0.352	−0.117	−0.077	−0.633***	−0.734***
	(−1.49)	(−0.36)	(−0.24)	(−10.09)	(−12.48)
ln(per_GDP)^2	0.234***	0.239***	0.215***	0.211***	0.202***
	(6.20)	(6.28)	(5.72)	(10.48)	(9.86)
Raio_industry	−0.996**	−1.023***	−0.677*	−0.195**	−0.226**
	(−2.59)	(−2.66)	(−1.75)	(−2.11)	(−2.38)
Ratio_coal	0.295	0.351	0.002	−0.130	0.125
	(0.69)	(0.81)	(0.01)	(−1.43)	(1.42)
ln(inten_CL)	0.732***	0.700***	0.525***	0.872***	0.954***
	(4.58)	(4.30)	(3.18)	(16.32)	(19.60)
ln(inten_energy)	−0.166	−0.194	0.159	−0.162***	
	(−1.11)	(−1.28)	(0.94)	(−4.54)	
ln(vehicle)	0.060	0.075	0.184**	0.005	0.004
	(0.98)	(1.19)	(2.20)	(0.53)	(0.41)
time		−0.027			
		(−1.07)			
ln(inten_carbon)					−0.241***
					(−8.60)
观察值	300	300	300	300	300
估计方法	One-way FE	One-way FE	Two-way FE	FGLS	FGLS
Adjusted R^2	0.616	0.616	0.636	0.712	0.656
异方差检验	45463***	30404***	30640***	—	—
序列相关检验	472***	559***	364***	—	—

注:(1)括号中是 *t* 统计量。

(2)* 表示 *P*<0.1,** 表示 *P*<0.05,*** 表示 *P*<0.01。

5.5.4 Morishima 替代弹性

一旦二次型方向产出距离函数的参数已经被估计出来,就可以根据方程(5-17)计算 Morishima 替代弹性。Morishima 替代弹性考察好产出和坏产出影子价格的比例如何随着相对污染强度(坏产出和好产出的比例)的变动而变动。弹性值越小,则说明,给定好产出和坏产出比值一定幅度的变化,将导致好产出与坏产出影子价格比值更大幅度的相应变化。

图 5-7 刻画了"十五"期间和"十一五"期间 Morishima 替代弹性的核密度函数(更详细的 Morishima 替代弹性估计值在附表 5-4A 中报告)。从图中我们可以观察到,核密度曲线随时间变化向左移动,这意味着平均替代弹性的绝对值随时间变动增加了。换句话说,随着时间的流逝,中国各省份减少二氧化碳排放量的成本将变得更大。

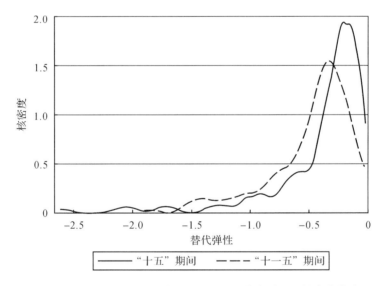

图 5-7 "十五"和"十一五"期间 Morishima 替代弹性的核密度曲线

图 5-8 进一步报告了 2001—2010 年分地区平均 Morishima 弹性的演进过程。从图中可以观察到,东、中、西部三大区域和整个国家的平均替代弹性(绝对值)不断增加,表明二氧化碳减排的成本越来越高。尽管中国的国内生产总值(GDP)和二氧化碳排放比率($\frac{y}{b}$)已经从 2001 年的 4293 元/吨增加至 2010 年的 5254 元/吨,但可以预计,它已经难以进一步提高这一比率。

任何进一步的比率增加，只能带来二氧化碳边际减排成本的增加。东部地区的替代弹性远远高于西部地区的替代弹性，但是对于中部地区而言，2005年之前和东部地区差别不大，但是2006年以后，东部地区的替代弹性要高于中部地区的替代弹性（这里指的是替代弹性的绝对值）。

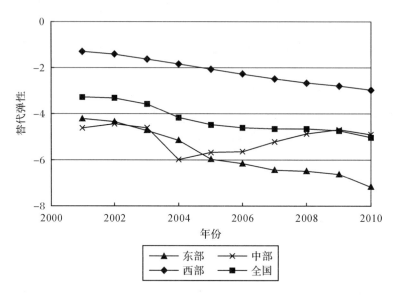

图 5-8　2001—2010 年全国及三大地区的平均替代弹性

5.6　本章小结

　　本章探讨了中国二氧化碳排放的环境技术效率、减排的影子价格和 Morishima 替代弹性。考虑到模型结构的一致性，样本区间被限定在 2001—2010 年。方向产出距离函数被参数化为二次函数形式，并用线性规划方法进行了参数估计。在估计过程中，用地区生产总值代表好产出，用二氧化碳排放代表坏产出。此外，劳动、资本和能源消费是三种不同的投入要素。

　　总体上而言，2001—2010 年，中国的环境技术无效率是不断增加。2001—2005 年，如果所有的省份的生产都处于生产前沿，那么中国可以进一步减少 4.5％ 的二氧化碳排放，对应的二氧化碳排放量为 0.86 亿吨。2006—2010 年，减排潜力增加到 4.9％，相应减少的二氧化碳排放量约 16 亿吨。在整个样本期间,中国二氧化碳减排的影子价格不断增加,并且增加速度加快了。2001—2005 年,中国二氧化碳减排的影子价格略有增加,从 1000元/吨增加至 1100 元/吨,而 2006—2010 年,影子价格从 1200 元/吨大幅增加至 2100 元/吨。此外,东、中、西部三大区域的二氧化碳减排影子价格差异较大。东部地区的平均影子价格远高于中部和西部地区。这主要与三大地区不同的产业组成有关,一些高耗能、排放大、污染严重的行业大多位于西部地区,而东部地区则已开始向服务业和高技术产业转型。

最后,在样本期间内,中国的 Morishima 替代弹性的平均绝对值也逐步上升。这意味着中国进一步减少二氧化碳排放的成本已变得更加高昂。东、中、西三大区域的替代弹性同样是非常不平衡的。东部地区替代弹性远高于西部地区(这点和东部地区服务行业比重高是一致的),但是,相对中部地区而言,2005 年以前,东部地区代替弹性并没有高出多少,2006 年以后,东部地区的替代弹性则远高于中部地区。

本研究的结论具有重要的政策意义。首先,研究结果表明,如果各省生产都能够达到生产前沿水平,则仍然有巨大的空间进一步削减二氧化碳排放,同时促进中国经济的增长。这预示着"双重红利"的机会确实存在。如果决策者提供更多的激励措施,以推动地方和企业提高自身的效率,这一"双重红利"是可以实现的。其次,中国政府正计划建立国内碳税和二氧化碳排放权交易市场。本研究的影子价格估计可以为政府提供一个标准,用于设定碳税税率和确定碳交易市场的初始价格。第三,为了达到减少二氧化碳排放量的目标,中国中央政府在各省之间进行了二氧化碳减排任务分配。从全社会减排成本最小化的角度看,应该根据不同省份不同的减排成本进行优化分配。例如,应该使各省份的减排任务和它们的边际减排成本相匹配。最后,研究结果表明,中国进一步减少二氧化碳排放的成本越来越高。这一发现,一方面可以帮助国际社会获得更多有关中国二氧化碳减排的信息;另一方面,强调了采用以市场为基础的工具来减少中国二氧化碳排放量的重要性和紧迫性。

在过去的"十一五"期间以及正在进行的"十二五"期间,中国实施了一系列有力措施,能源效率和环境保护取得了显著改善。然而,正如大多数学者所批评的,这些成果主要是在直接监管下完成的,所以并非是成本有效的。鉴于二氧化碳的影子价格迅速增加和二氧化碳的地域空间减排潜力分布极不平衡,排放总量控制与排放交易制度的建立可以为二氧化碳减排创造巨大的成本节约的机会(Wei、Löschel 和 Liu,2013)。目前,中国已经建立了七个碳交易试点市场,下一步应该着手建立一个全国性的交易系统,这样可以获得更大的经济收益。

本章附录

附表 5-1A　方向产出距离函数的参数估计值

参数	估计值	参数	估计值	参数	估计值	参数	估计值
α_0	-0.02	α_{11}	0.69	α_{31}	0.37	η_2	0.20
α_1	-0.01	α_{12}	-0.23	α_{32}	-0.30	η_3	0.00
α_2	0.54	α_{13}	0.37	α_{33}	0.07	μ	-0.06
α_3	-0.15	α_{21}	-0.23	β_2	-0.06	δ_1	-0.10
β_1	-0.76	α_{22}	-0.03	γ_2	-0.06	δ_2	0.20
γ_1	0.24	α_{23}	-0.30	η_1	-0.10	δ_3	0.00

附表 5-2A　方向产出距离函数估计值(2001—2010 年)

省 (自治区、 直辖市)	"十五"期间					"十一五"期间				
	2001	2002	2003	2004	2005	2006	2007	2008	2009	2010
北京	0.11	0.11	0.10	0.08	0.07	0.06	0.05	0.03	0.00	0.00
天津	0.05	0.04	0.03	0.02	0.01	0.00	0.00	0.01	0.03	0.06
河北	0.00	0.01	0.01	0.01	0.05	0.03	0.00	0.02	0.10	0.01
山西	0.00	0.02	0.03	0.01	0.00	0.02	0.02	0.07	0.10	0.14
内蒙古	0.00	0.00	0.00	0.03	0.04	0.07	0.10	0.17	0.23	0.31
辽宁	0.08	0.04	0.02	0.00	0.03	0.02	0.02	0.02	0.03	0.08
吉林	0.02	0.02	0.00	0.00	0.02	0.05	0.08	0.14	0.19	0.28
黑龙江	0.13	0.11	0.09	0.06	0.04	0.03	0.01	0.01	0.00	0.00
上海	0.20	0.18	0.15	0.11	0.09	0.06	0.02	0.00	0.02	0.02
江苏	0.09	0.01	0.00	0.00	0.08	0.09	0.07	0.10	0.15	0.35
浙江	0.02	0.01	0.00	0.01	0.01	0.08	0.10	0.09	0.12	0.13
安徽	0.05	0.04	0.03	0.01	0.00	0.01	0.01	0.00	0.01	0.04
福建	0.02	0.02	0.01	0.01	0.02	0.00	0.00	0.02	0.04	0.02
江西	0.00	0.00	0.00	0.01	0.02	0.02	0.03	0.02	0.00	0.02

续表

省 （自治区、 直辖市）	"十五"期间					"十一五"期间				
	2001	2002	2003	2004	2005	2006	2007	2008	2009	2010
山东	0.00	0.01	0.05	0.07	0.26	0.18	0.11	0.08	0.00	0.10
河南	0.03	0.00	0.02	0.09	0.09	0.08	0.05	0.02	0.00	0.01
湖北	0.00	0.00	0.02	0.03	0.04	0.04	0.03	0.03	0.04	0.05
湖南	0.00	0.00	0.03	0.06	0.14	0.13	0.11	0.07	0.04	0.02
广东	0.19	0.11	0.05	0.00	0.06	0.05	0.02	0.00	0.06	0.11
广西	0.01	0.00	0.00	0.02	0.03	0.03	0.03	0.04	0.05	0.12
海南	0.01	0.01	0.01	0.01	0.00	0.00	0.00	0.02	0.01	0.02
重庆	0.01	0.01	0.00	0.00	0.02	0.02	0.02	0.06	0.03	0.01
四川	0.01	0.00	0.06	0.09	0.11	0.12	0.12	0.14	0.08	0.00
贵州	0.00	0.00	0.04	0.07	0.08	0.10	0.11	0.11	0.13	0.15
云南	0.00	0.01	0.01	0.00	0.07	0.10	0.13	0.14	0.14	0.18
陕西	0.00	0.02	0.03	0.02	0.03	0.03	0.03	0.05	0.06	0.12
甘肃	0.00	0.01	0.02	0.02	0.02	0.03	0.04	0.06	0.05	0.07
青海	0.00	0.01	0.01	0.00	0.00	0.01	0.01	0.03	0.03	0.03
宁夏	0.00	0.00	0.01	0.02	0.03	0.04	0.05	0.08	0.09	0.12
新疆	0.00	0.00	0.00	0.01	0.01	0.02	0.04	0.05	0.07	0.08
东部	0.07	0.05	0.04	0.03	0.06	0.05	0.04	0.04	0.05	0.08
中部	0.03	0.02	0.03	0.03	0.04	0.05	0.04	0.04	0.05	0.07
西部	0.00	0.01	0.02	0.03	0.04	0.05	0.06	0.08	0.09	0.11
全国	0.03	0.03	0.03	0.03	0.05	0.05	0.05	0.06	0.06	0.09

注：表中全国和东、中、西部三大地区报告的是平均值。

附表 5-3A　影子价格估计值(2001—2010 年)　　　　　(单位:万元)

省 (自治区、 直辖市)	"十五"期间					"十一五"期间				
	2001	2002	2003	2004	2005	2006	2007	2008	2009	2010
北京	0.16	0.16	0.17	0.18	0.19	0.20	0.22	0.23	0.25	0.27
天津	0.14	0.14	0.15	0.15	0.16	0.16	0.18	0.19	0.22	0.26
河北	0.06	0.06	0.06	0.06	0.05	0.06	0.08	0.10	0.13	0.16
山西	0.07	0.07	0.07	0.07	0.07	0.08	0.08	0.09	0.11	0.12
内蒙古	0.10	0.10	0.10	0.09	0.10	0.10	0.11	0.12	0.15	0.19
辽宁	0.11	0.11	0.11	0.12	0.12	0.14	0.15	0.22	0.26	0.31
吉林	0.11	0.11	0.11	0.11	0.11	0.13	0.15	0.18	0.22	0.26
黑龙江	0.10	0.11	0.11	0.11	0.11	0.11	0.12	0.13	0.15	0.17
上海	0.18	0.19	0.20	0.20	0.21	0.23	0.25	0.28	0.31	0.34
江苏	0.11	0.12	0.14	0.15	0.16	0.20	0.24	0.30	0.42	0.58
浙江	0.10	0.11	0.12	0.14	0.16	0.17	0.19	0.23	0.28	0.33
安徽	0.05	0.05	0.05	0.06	0.06	0.07	0.07	0.08	0.09	0.10
福建	0.12	0.12	0.12	0.12	0.13	0.13	0.15	0.17	0.19	0.23
江西	0.09	0.09	0.10	0.10	0.10	0.11	0.12	0.13	0.14	0.15
山东	0.07	0.07	0.08	0.09	0.08	0.11	0.14	0.19	0.29	0.42
河南	0.01	0.02	0.02	0.02	0.02	0.03	0.05	0.09	0.15	0.22
湖北	0.08	0.09	0.09	0.09	0.10	0.10	0.11	0.13	0.15	0.17
湖南	0.06	0.06	0.07	0.06	0.06	0.06	0.07	0.09	0.11	0.14
广东	0.08	0.09	0.09	0.09	0.10	0.11	0.12	0.15	0.21	0.28
广西	0.08	0.08	0.08	0.08	0.08	0.09	0.09	0.11	0.13	0.17
海南	0.14	0.14	0.14	0.14	0.14	0.14	0.14	0.14	0.14	0.15
重庆	0.10	0.10	0.11	0.11	0.12	0.12	0.13	0.14	0.15	0.16
四川	0.05	0.05	0.05	0.05	0.06	0.07	0.08	0.09	0.11	0.14
贵州	0.08	0.08	0.08	0.07	0.07	0.07	0.07	0.08	0.08	0.09
云南	0.11	0.11	0.11	0.11	0.10	0.10	0.11	0.11	0.12	0.14
陕西	0.10	0.10	0.11	0.11	0.11	0.12	0.13	0.15	0.17	0.20
甘肃	0.10	0.10	0.10	0.10	0.10	0.10	0.11	0.11	0.12	0.12
青海	0.13	0.14	0.14	0.14	0.14	0.14	0.14	0.14	0.14	0.15

续表

省 （自治区、 直辖市）	"十五"期间					"十一五"期间				
	2001	2002	2003	2004	2005	2006	2007	2008	2009	2010
宁夏	0.13	0.13	0.13	0.13	0.13	0.13	0.13	0.13	0.14	0.14
新疆	0.13	0.14	0.14	0.14	0.14	0.15	0.15	0.16	0.16	0.17
东部	0.11	0.12	0.12	0.13	0.14	0.15	0.17	0.20	0.25	0.30
中部	0.07	0.08	0.08	0.08	0.08	0.09	0.10	0.11	0.14	0.17
西部	0.10	0.10	0.10	0.10	0.10	0.11	0.11	0.12	0.13	0.15
全国	0.10	0.10	0.10	0.11	0.11	0.12	0.13	0.15	0.18	0.21

注：表中全国和东、中、西部三大地区报告的是平均值。

附表 5-4A　Morishima 替代弹性估计值（2001—2010 年）

省 （自治区、 直辖市）	"十五"期间					"十一五"期间				
	2001	2002	2003	2004	2005	2006	2007	2008	2009	2010
北京	−0.23	−0.25	−0.26	−0.28	−0.30	−0.33	−0.36	−0.38	−0.40	−0.43
天津	−0.12	−0.13	−0.14	−0.16	−0.17	−0.19	−0.21	−0.24	−0.27	−0.31
河北	−0.55	−0.60	−0.67	−0.74	−0.93	−0.91	−0.87	−0.81	−0.79	−0.75
山西	−0.17	−0.22	−0.26	−0.28	−0.29	−0.33	−0.37	−0.40	−0.38	−0.41
内蒙古	−0.11	−0.13	−0.15	−0.20	−0.24	−0.29	−0.33	−0.39	−0.42	−0.45
辽宁	−0.30	−0.31	−0.34	−0.36	−0.41	−0.44	−0.47	−0.46	−0.50	−0.56
吉林	−0.13	−0.14	−0.15	−0.17	−0.20	−0.22	−0.24	−0.27	−0.30	−0.34
黑龙江	−0.26	−0.26	−0.27	−0.29	−0.31	−0.33	−0.35	−0.38	−0.38	−0.41
上海	−0.30	−0.32	−0.33	−0.36	−0.38	−0.40	−0.44	−0.47	−0.50	−0.54
江苏	−0.63	−0.62	−0.66	−0.73	−0.82	−0.87	−0.93	−0.99	−1.08	−1.29
浙江	−0.46	−0.48	−0.51	−0.56	−0.60	−0.66	−0.73	−0.75	−0.78	−0.84
安徽	−0.35	−0.36	−0.38	−0.39	−0.41	−0.44	−0.47	−0.49	−0.52	−0.56
福建	−0.23	−0.25	−0.27	−0.29	−0.33	−0.36	−0.39	−0.42	−0.45	−0.47
江西	−0.15	−0.16	−0.18	−0.21	−0.23	−0.25	−0.27	−0.29	−0.30	−0.34
山东	−0.82	−0.84	−0.92	−1.00	−1.27	−1.16	−1.14	−1.11	−1.06	−1.17
河南	−2.01	−1.75	−1.70	−2.62	−2.09	−1.90	−1.35	−0.97	−0.78	−0.73

续表

省（自治区、直辖市）	"十五"期间					"十一五"期间				
	2001	2002	2003	2004	2005	2006	2007	2008	2009	2010
湖北	−0.28	−0.29	−0.33	−0.36	−0.40	−0.42	−0.46	−0.48	−0.51	−0.55
湖南	−0.35	−0.37	−0.41	−0.49	−0.62	−0.64	−0.66	−0.62	−0.60	−0.60
广东	−0.98	−0.98	−1.07	−1.17	−1.32	−1.42	−1.51	−1.44	−1.41	−1.46
广西	−0.18	−0.19	−0.21	−0.24	−0.27	−0.29	−0.32	−0.33	−0.33	−0.36
海南	−0.03	−0.04	−0.04	−0.04	−0.04	−0.05	−0.05	−0.07	−0.07	−0.08
重庆	−0.13	−0.14	−0.15	−0.16	−0.18	−0.20	−0.22	−0.26	−0.27	−0.30
四川	−0.47	−0.49	−0.59	−0.65	−0.66	−0.68	−0.70	−0.69	−0.68	−0.66
贵州	−0.09	−0.10	−0.13	−0.16	−0.18	−0.22	−0.24	−0.24	−0.27	−0.29
云南	−0.13	−0.14	−0.16	−0.17	−0.22	−0.25	−0.28	−0.30	−0.32	−0.34
陕西	−0.14	−0.16	−0.18	−0.20	−0.22	−0.23	−0.26	−0.29	−0.31	−0.35
甘肃	−0.07	−0.08	−0.10	−0.11	−0.12	−0.13	−0.15	−0.16	−0.17	−0.19
青海	−0.02	−0.02	−0.02	−0.02	−0.03	−0.03	−0.04	−0.05	−0.05	−0.06
宁夏	−0.02	−0.02	−0.03	−0.03	−0.04	−0.05	−0.06	−0.07	−0.08	−0.09
新疆	−0.08	−0.09	−0.10	−0.11	−0.12	−0.14	−0.15	−0.17	−0.19	−0.20
东部	−0.42	−0.44	−0.47	−0.52	−0.60	−0.62	−0.65	−0.65	−0.66	−0.72
中部	−0.46	−0.44	−0.46	−0.60	−0.57	−0.57	−0.52	−0.49	−0.47	−0.49
西部	−0.13	−0.14	−0.16	−0.19	−0.21	−0.23	−0.25	−0.27	−0.28	−0.30
全国	−0.33	−0.33	−0.36	−0.42	−0.45	−0.46	−0.47	−0.47	−0.47	−0.50

第 6 章

二氧化碳减排的边际成本曲线估计[①]

6.1 引　言

作为世界上最大的二氧化碳排放国之一,中国做出了巨大的努力来缓解温室气体排放上升的趋势。2007 年,中国政府开始实施节能减排政策,旨在向低碳社会转型。官方对能源强度(单位 GDP 能耗)、化学需氧量(COD)和二氧化硫(SO_2)设定了强制性减排目标。[②] 为了实现这一目标,对每一个省(自治区、直辖市)都分配了相应的减排指标。

这一目标被写进了国家的"十一五"发展规划(2006—2010)中。根据官方数据,到 2010 年,能源强度、COD 和 SO_2 与 2005 年水平相比,已经分别降低了 19.1%、12.45% 和 14.29%。2010 年,中国政府又将 CO_2 排放强度(单位 GDP 二氧化碳排放量)纳入了国家"十二五"发展规划,期望到 2015 年,二氧化碳排放强度较 2010 年降低 17% 左右。

虽然国际社会欢迎以中国为领导的二氧化碳减排倡议,但是同样也有担忧的声音。他们认为,中国过度依赖强有力的监管而不是基于市场的准则来实现这一目标是值得担忧的(Qiu,2009;Zhang,2011)。

世界银行已经对中国的"十一五"发展规划的执行情况进行了评估,强

[①]　本章主要内容已在英文期刊 *Energy Economics* 上发表,详情请参见 Du、Hanley 和 Wei (2015),作者在原文基础上有所修正和扩展。

[②]　能源强度的强制目标是,到 2010 年相较 2005 年下降 20%。另外两项主要污染物——COD 和 SO_2 均被要求到 2010 年相比 2005 年减少 10%。

调了基于市场的相关准则的有效性（World Bank，2009）。其他相似的研究也表明，灵活的基于市场的工具可以帮助中国以较低的经济成本实现减排目标（Baumol 和 Oates，1988；Wei、Ni 和 Du，2012）。中国共产党第十八届中央委员会第三次全体会议进一步指出，将让市场在经济中发挥决定性作用，以使经济发展更加可持续（Subler 和 Yao，2013）。所以，未来对中国二氧化碳减排机会的相关研究和探索，将更加注重成本有效的减排方案。

上一章估计了中国各省份二氧化碳减排的边际成本，但是并没有形成边际减排成本曲线（Marginal Abatement Cost Curve，MACC）。事实上，二氧化碳边际减排成本曲线已经引起了广泛的关注，并且被广泛运用到了气候变化政策的制定中。边际减排成本曲线越来越被重视的主要原因在于，它简化了减排的努力与减少单位二氧化碳排放量的边际成本之间的复杂关系。对气候谈判中的政策制定者、研究者和利益相关者而言，边际减排成本曲线提供了一个描述碳排放交易系统的好处的方法。边际减排成本曲线有助于对二氧化碳排放许可证交易价格的估计，有助于对碳税的设定，也有助于实现以最小的成本达成减排的目标，最后还有助于评估不同政策的成本效率（Ellerman 和 Decaux，1998；Kesicki 和 Ekins，2012；Klepper 和 Peterson，2006）。

二氧化碳边际减排成本曲线已广泛应用于全球及具体国家的情景分析中。在最近的一些相关研究中，研究者大量探讨了二氧化碳边际减排成本曲线的估计方法和应用前景。然而，基于省际层面数据的、针对中国的研究成果仍然非常稀少。由于中国地域广袤，中央的政策往往需要分解到地方，各省是主要的政策响应单位，因此，对一个省份的边际减排成本的分析，能够为全国水平的政策制定提供有用的信息（Qian 和 Weingast，1997）。本章试图弥补这一方面研究的不足。我们将通过计量方法，在一系列相互竞争的计量模型设定中，选出最优计量模型，并基于这一最优模型来考察中国各省的二氧化碳边际减排成本曲线情况。本研究使用的这一方法，具有在经验上可控同时易于实现的优点。

本研究的主要贡献体现在三个方面：首先，在给定的生产技术条件下，估计每个省（自治区、直辖市）不同年份的二氧化碳边际减排成本，然后又基于这些边际减排成本值估计了边际减排成本曲线。其次，比较了四种常用的二氧化碳边际减排成本曲线的设定，并基于模型的样本内拟合标准和样本外预测标准选择了最优计量模型。最后，运用这一新发展的边际减排成本曲线估计方法,模拟了 2020 年中国二氧化碳减排的成本情况,这对中国的低碳发展战略具有重要的政策含义。

本章内容安排如下:6.2 节讨论了四种不同函数形式的二氧化碳减排边际成本曲线设定;6.3 节引入数据和变量;所有模型的实证结果在 6.4 节展示并进行了比较;6.5 节模拟了中国二氧化碳减排的经济成本;最后一节是本章小结。

6.2　实证模型设定

假设二氧化碳边际减排成本曲线具有如下形式:

$$y = f(x; \mathbf{Z}) \tag{6.1}$$

其中:y 是二氧化碳边际减排成本;x 是二氧化碳排放强度(单位 GDP 的二氧化碳排放量);$\mathbf{Z}$ 是协变量向量;$f(\cdot)$ 是联系相关变量的函数,这一函数可以取不同的形式。

需要特别强调的是,本研究对边际减排成本曲线的定义和传统的定义有所不同。由于我们无法获得中国各省份二氧化碳减排的绝对量数据,因此,在方程(6.1)的右方使用二氧化碳排放强度指标来代替。事实上,到目前为止,中国还没有二氧化碳绝对量减排的可能,更不可能有相关数据可用。在样本期内,中国的二氧化碳排放量一直在上升,但是由于这一时期中国的经济总量同样一直在上升,而且其上升的速度超过了二氧化碳排放量的增速,因此二氧化碳排放强度是不断下降的。所以,简单地用二氧化碳排放量水平这一指标可能无法全面体现中国的二氧化碳减排情况。

为了更加准确地捕捉到中国二氧化碳减排的信息,Zhou、Zhang、Zhou 等(2013)放弃了二氧化碳绝对减排量指标,转而考察相对减排指标。他们将当年 GDP 乘以当年二氧化碳强度的值作为具有减排时的二氧化碳排放量,将当年 GDP 乘以上年二氧化碳强度的值作为没有减排时的二氧化碳排放量,两者之差作为二氧化碳排放的减少量。[①] 参考他们的做法,本研究使用一种更方便的方法来处理这个问题,即通过用二氧化碳排放强度来代替二氧化碳的绝对减排量,也就是说,直接考察二氧化碳边际减排成本和二氧

---

① Wei 和 Rose(2009)在研究中国能源效率改善的边际成本曲线时也使用了相似的方法。

化碳排放强度之间的关系。

用二氧化碳排放强度替代二氧化碳的绝对减排量是合情合理的。首先，二氧化碳排放强度和 GDP 及二氧化碳排放量是高度相关的。第二，使用二氧化碳排放强度这一代理变量，并不会影响研究得出的结论和政策含义。事实上，使用二氧化碳排放强度进行分析，使得本研究的分析和中国的政策制定者的目标相一致，因为中国的"十二五"发展规划和其他相关文件中，大多数是基于二氧化碳排放强度指标的。

由于二氧化碳边际减排成本和二氧化碳排放强度之间的函数关系是未知的，因此，不妨先用非参数的方法来简单考察一下两者的关系。具体而言，用局部加权平滑散点图（Locally Weighted Scatterplot Smoother, LOWESS）来描绘二氧化碳边际减排成本和二氧化碳排放强度之间的关系。采用的带宽（band width）为 0.8，方程形式为三次加权函数（tricube weighting function）。

图 6-1 绘出了 LOWESS 估计的二氧化碳边际减排成本和二氧化碳排放强度之间的关系。从图 6-1 中可以看到，两个变量之间存在明显的非线性关系。向下倾斜的曲线意味着，对于中国二氧化碳排放强度较低的省份而言，每额外减少一单位二氧化碳排放，需要付出更高的成本。

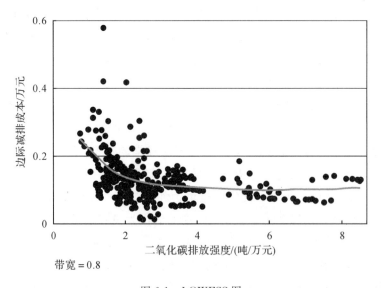

带宽＝0.8

图 6-1　LOWESS 图

为了参数化地估计二氧化碳边际减排成本和二氧化碳排放强度之间的

关系,考虑四种不同的函数形式。这些函数形式均在之前的研究中被广泛使用,如二次型函数($y=ax^2+bx+c$)、对数型函数($y=a+b\ln x$)、指数型函数($y=\mathrm{e}^{ax+b}$)和幂次型函数($y=ax^b$)(Chen,2005;Criqui、Mima 和 Viguier,1999;Ellerman 和 Decaux,1998;Morris、Paltsev 和 Reilly,2012;Nordhaus,1991;Zhou、Zhang、Zhou 等,2013)。首先用四种不同的函数形式估计二氧化碳边际减排成本曲线,然后从中选择最优的函数形式进行政策分析。

6.3　数据和描述性统计

本研究的数据是中国 30 个省(自治区、直辖市)的省级面板数据[①],同样,分析时间限定在“十五”和“十一五”规划期间,即从 2001 年至 2010 年。在这段时期,中国的节能减排政策相对稳定。

二氧化碳的边际减排成本(用 MAC 表示)数据是分析所需的最重要的数据。考虑到成本数据是无法获取的,必须自己估计。为此,采用 Färe、Grosskopf、Noh 等(2005)发展的方向产出距离函数和多投入多产出生产理论来估计二氧化碳减排的影子价格。[②] 影子价格也可以被解释为边际减排成本。

方向产出距离函数描述了在给定的技术条件下,好产出的最大扩张值和坏产出的最大收缩值。[③] 特别的,方向产出距离函数可以被定义如下:

$$\vec{D}(\boldsymbol{x},\boldsymbol{y},\boldsymbol{b};\boldsymbol{g}_y,-\boldsymbol{g}_b)=\max\{\beta:(\boldsymbol{y}+\beta\boldsymbol{g}_y,\boldsymbol{b}-\beta\boldsymbol{g}_b)\in P(\boldsymbol{x})\}\quad(6.2)$$

式中:$\boldsymbol{x}=(x_1,\cdots,x_N)\in\mathbf{R}^N$ 是一个投入向量;$\boldsymbol{y}=(y_1,\cdots,y_M)\in\mathbf{R}_+^M$ 是好产出的向量;$\boldsymbol{b}=(b_1,\cdots,b_J)\in\mathbf{R}_+^J$ 是坏产出的向量;$\boldsymbol{g}=(\boldsymbol{g}_y,\boldsymbol{g}_b)\in\mathbf{R}_+^M\times\mathbf{R}_+^J$ 是方向向量。

给定第 m 个好产出的市场价格后,第 j 个坏产出的影子价格可以通过

---

① 由于数据无法获得,我们没有分析西藏自治区。

② 值得指出的是,由于二氧化碳边际减排成本是估计获得的,这会增加二氧化碳边际减排成本曲线估计的误差和不确定性。

③ 用谢泼尔德距离函数也可以估计污染物的影子价格。不同是:谢泼尔德距离方程必须按比例扩大好产出和坏产出,而方向产出距离函数允许在一个特定的方向上,好产出扩大的同时使得坏产出收缩。相对而言,方向距离函数更加灵活。事实上,谢泼尔德距离函数是方向距离函数的一种特例(Chung、Färe 和 Grosskopf,1997)。另外,Vardanyan 和 Noh(2006)发现,基于二次型的方向产出距离函数在影子价格研究中更加合适。

如下公式估算:

$$q_j = -p_m \left[\frac{\frac{\partial \vec{D}(x,y,b;g)}{\partial b_j}}{\frac{\partial \vec{D}(x,y,b;g)}{\partial y_m}} \right], j = 1, \cdots, J \qquad (6.3)$$

为了估计各省二氧化碳减排的影子价格,我们考虑一种好产出和一种坏产出的情况,其中,好产出是各省的地区生产总值,坏产出是各省的二氧化碳排放量,三种投入则分别是劳动、资本和能源。在实证研究中,用二次型方程形式来参数化方向产出距离函数。此外,设定方向向量$(g_y, g_b) = (1,1)$,这意味着在要求好产出扩大的同时,坏产出按相同规模减少,这一设定在以往研究中被广泛采用。二次型方程的参数可以用线性规划方法进行估计(更为详细的估计过程,请参见第5章)。[①]

值得注意的是,不同的方向向量对影子价格的估计值有一定影响。给定好产出的方向g_y,一个较大的坏产出方向值g_b,会导致较大的影子价格估计值(Vardanyan 和 Noh,2006;Zhou、Sun 和 Zhou,2014;Zhou、Zhou 和 Fan,2014)。

地区生产总值数据使用2005年的价格进行平减,以消除通货膨胀因素的影响。劳动投入以每年年末雇用人数衡量。这两项数据均可以从《中国统计年鉴》中获取。能源消费量以标准煤为单位,可以从各省的统计年鉴中获取。

资本存量的数据也无法从任何一本统计年鉴中获取。为此,采用Zhang等(2004)的永续盘存方法进行估计,其估算公式如下:

$$K_{i,t} = K_{i,t-1}(1-\rho_i) + I_{i,t} \qquad (6.4)$$

式中:$I_{i,t}$和$K_{i,t}$是省份i第t年的总投资量和资本存量;$K_{i,t-1}$则是省份i第$t-1$年的资本存量;ρ_i是省份i的资本折价率。

每年的投资数据来自《中国统计年鉴》。同样以2005年价格为基准对其进行平减,以消除通货膨胀的影响。

相似的,需要自己估计坏产出,即各省的二氧化碳排放量。根据IPCC

---

① 方向产出距离函数也可以通过参数化的随机前沿分析方法进行估计。随机前沿分析方法的好处在于,可以将不确定因素以扰动项的形式将之考虑在内,但是该方法有其自身的缺点,即无法将约束条件纳入分析中。研究者的通常做法是,先在不考虑约束条件的情况下估计出参数值,并事后检查结果是否满足限制条件,不满足约束条件的观察值将被删除(Färe、Grosskopf、Noh 等,2005;Murty、Kumar 和 Dhavala,2007)。然而,排除一些观察结果可能会使得被估参数不一致,因为参数是用所有样本估计的。因此,随机前沿估计的影子价格可能是有偏的。

(2006)和 Du、Wei 和 Cai (2012)，用以下方程估计化石燃料燃烧排放的二氧化碳：

$$CO_2 = \sum_{i=1}^{6} E_i \times CF_i \times CC_i \times COF_i \times \frac{44}{12} \tag{6.5}$$

其中，i 代表不同的化石燃料种类。考虑 7 种主要的类型，即煤炭、焦炭、汽油、煤油、柴油、燃油和天然气。$\frac{44}{12}$ 是二氧化碳的相对原子质量比一个碳原子的相对原子质量。E_i、CF_i、CC_i 和 COF_i 分别表示总消费、相关转换系数、燃料 i 的碳含量和碳氧化系数。各省的能源消费量数据来自《中国能源统计年鉴》中的地区能源平衡表。

　　一旦得到了二氧化碳排放的估计值，各省份的二氧化碳排放强度（用 $Cintens$ 表示）就可以计算了。在回归模型中，进一步考虑用以下协变量来控制省份间的特征和差异。[1]

　　● 能源消费结构（用 ratio_coal 表示）　不同的化石燃料燃烧所排放的二氧化碳显著不同。煤炭燃烧排放的二氧化碳是天然气燃烧排放的二氧化碳的 1.6 倍，是石油燃烧排放的二氧化碳的 1.2 倍（Zhang，2000）。为了控制潜在的省际能源消费结构变动的趋势，用煤炭消费在总能源消费中的比重来表示能源消费的构成。有关能源消费的这些数据均来自历年《中国能源统计年鉴》。

　　● 产业结构（用 ration_heavy 表示）　通常重工业比轻工业能源强度更高，产生更多的二氧化碳。因此，需要控制各省间潜在的产业结构差别的影响。可以用重工业总产值占全部工业总产值的比重来衡量产业结构。相关数据来自相关年份和省份的统计年鉴。

　　● 城市化水平（用 ratio_urban 表示）　一些学者研究了城市化水平对能源消耗和二氧化碳排放的影响（Karathodorou、Graham 和 Noland，2010；Shim、Rhee、Ahn 等，2006）。因此，控制不同省份间城镇化水平是合适的。本研究用非农业人口占总人口的比重来表示城镇化水平。所有数据都来自《中国人口统计年鉴》和《中国人口和就业统计年鉴》。

　　● 私有车辆（用 private_car 表示）　过去十年，中国的机动车辆猛增。机动车辆排放的二氧化碳已经对中国有了决定性影响（Riley，2002）。在 20

---

　　① 在回归中，我们根据经济理论和之前的研究来选择控制变量。增加变量显然可以降低遗漏变量的风险并减少方差，然而，在模型的节俭性和准确性之间必须达到很好的平衡。

世纪90年代以前,机动车辆主要为国有企业和政府官员拥有,但最近几年私有车辆开始迅速增加(Auffhammer和Carson,2008)。所以,在回归中加入了私有车辆变量,以每千人拥有的私有车辆数量来衡量。私有车辆数据来自《中国汽车市场年鉴》。

表6-1　主要变量描述性统计

变量名	说明	单位		均值	标准误	最小值	最大值
MAC	边际减排成本	万元	Overall	0.13	0.07	0.01	0.58
			Between		0.05	0.06	0.24
			Within		0.05	0.00	0.47
Cintens	二氧化碳强度	吨/万元	Overall	2.88	1.63	0.73	8.52
			Between		1.60	1.09	7.42
			Within		0.41	0.17	4.24
Ratio_heavy	重工业比重	%	Overall	0.73	0.11	0.40	0.95
			Between		0.10	0.53	0.93
			Within		0.05	0.51	0.86
Ratio_coal	煤炭消费比重	%	Overall	0.77	0.13	0.30	0.94
			Between		0.13	0.36	0.93
			Within		0.03	0.68	0.89
Ratio_urban	城市化水平	%	Overall	0.35	0.16	0.15	0.89
			Between		0.16	0.16	0.83
			Within		0.03	0.19	0.43
Private_car	私有车辆数量	辆/千人	Overall	228.24	250.20	19.15	1894.25
			Between		198.64	77.25	1137.99
			Within		155.98	−458.50	984.50

　　表6-1列出了主要变量的统计描述。[①] 从表中可以看到,各变量在省份

　　[①] 本研究估计的二氧化碳减排的影子价格超过了中国7个试点的碳交易市场价格。虽然市场价格是影子价格估计值的合适标杆,也应该注意到它们是不同的。影子价格反映了机会成本,而市场价格主要由供给和需求决定。相应地,市场价格没有完全反映所有的减排成本(Smith、Platt和Ellerman,1998;Wei、Löschel和Liu,2013)。事实上,Vardanyan和Noh(2006)发现,没有单独的估计技术得到的结果始终和市场排放权交易价格是一致的。

和年份间具有显著的变差,这有利于后续的计量估计。[①]

6.4 实证结果

本节将主要考察回归模型,并报告四种函数形式的二氧化碳边际减排成本曲线估计结果。为了寻找最优函数设定形式,通过在回归模型中逐步加入不同的协变量来进行比较,将对每种函数形式估计 6 个回归方程。然后,用样本内拟合准则和样本外预测准则来选择最优回归模型。

样本内拟合准则选择赤池信息准则(AIC)和贝叶斯信息准则(BIC)。样本外预测准则选择均方根预测误差(RMSEF)和绝对平均误差(MAE)。样本内拟合准则更适合样本内拟合优度判断,因为其计算是建立在样本内回归拟合上的,而对于样本外预测,RMSFE 和 MAE 更适合。较小的 AIC 和 BIC 值说明模型具有更好的拟合优度,而较小的 RMSEF 和 MAE 值则说明模型具有更好的预测能力(有关 AIC、BIC、RMSEF 和 MAE 的具体阐述,请参见本书第四章)。

6.4.1 二次型函数形式

对于二次型二氧化碳边际减排成本曲线的估计,考虑如下回归模型[②]:

$$y_{it} = \alpha + \beta x_{i,t}^2 + \gamma x_{i,t} + \phi \mathbf{Z}_{i,t} + \lambda_t + \mu_i + \varepsilon_{i,t} \tag{6.6}$$

其中:$y_{i,t}$ 代表省份 i 在年份 t 的影子价格;$x_{i,t}$ 代表二氧化碳排放强度;$\mathbf{Z}_{i,t}$ 是协变量的向量;μ_i 是省份的个体效应;λ_t 是时间效应;$\varepsilon_{i,t}$ 是误差项。

如前所述,我们将估计 6 个回归模型,然后用样本内拟合准则和样本外预测准则来选择最佳回归模型。

我们用修正的 Wald 统计量检验了 6 个回归模型的组间异方差性问题

---

① Matsushita 和 Yamane (2012)用几乎和本研究一样的方法估计了日本的二氧化碳减排成本,得到的结果更低。可能的原因如下:首先,Matsushita 和 Yamane (2012)将其研究局限于日本的电力行业,而我们针对的是中国的经济整体。中国的电力行业被视作二氧化碳的主要来源(尤其是火电厂)。这样,相比其他行业,电力行业减少二氧化碳排放要低廉得多。我们考虑所有行业(如农业、金融业和教育行业),几乎所有这些行业的碳强度都比电力行业低,所以这些行业减排成本更大。第二,这一结果偏差可能是由于不同的估计技术。虽然两者都用了二次型方向产出距离函数,但两者也有轻微的不同。在我们的估计中,加入了省份和时间虚拟变量来捕捉省份间的异质性效应和技术变化,而 Matsushita 和 Yamane(2012)只考虑了时间效应。

② 本模型没有考虑跨期方面的问题,即没有考虑之前年份或者预期对于未来的影响。

（Greene，2003）。该检验的零假设是没有组间异方差性。同时，用Wooldridge 估计量检验了 6 个回归方程的面板内序列相关性问题（Wooldridge，2002）。这一检验的零假设是各面板内没有序列相关。检验结果表明，对于所有 6 个回归模型而言，以上两个零假设均被显著拒绝。这说明模型存在组间异方差和组内序列相关问题。为了解决这一问题，用可行广义最小二乘法（Feasible Generalized Least Square，FGLS）进行估计。假设各组内存在异方差问题，但是各组之间没有相关性问题，而且各组内扰动项服从一阶自回归 AR(1)分布。二次型函数的 6 个回归方程的 FGLS 估计结果在表 6-2 中报告。

表 6-2　二次型二氧化碳边际减排成本曲线估计

因变量：MAC	模型 1	模型 2	模型 3	模型 4	模型 5	模型 6
Cintens×Cintens	0.002 ***	0.003 ***	0.003 ***	0.002 ***	0.002 ***	0.002 ***
	(0.000)	(0.000)	(0.000)	(0.000)	(0.000)	(0.000)
Cintens	−0.027 ***	−0.037 ***	−0.031 ***	−0.027 ***	−0.028 ***	−0.025 ***
	(0.003)	(0.004)	(0.004)	(0.004)	(0.004)	(0.004)
Ratio_heavy		0.150 ***	0.132 ***	0.054 ***	0.082 ***	0.068 ***
		(0.014)	(0.014)	(0.012)	(0.016)	(0.018)
Ratio_coal			−0.065 ***	−0.012	−0.035 **	−0.046 ***
			(0.015)	(0.014)	(0.017)	(0.017)
Ratio_urban				0.055 ***	0.050 ***	0.052 ***
				(0.014)	(0.016)	(0.018)
ln(private_car)				0.011 ***	0.011 ***	
				(0.001)	(0.002)	
ln(time)						0.002
						(0.002)
constant	0.166 ***	0.082 ***	0.135 ***	0.114 ***	0.077 ***	0.088 ***
	(0.006)	(0.008)	(0.016)	(0.013)	(0.017)	(0.018)
估计方法	FGLS	FGLS	FGLS	FGLS	FGLS	FGLS
AIC	−5.497	−5.645	−5.651	−5.626	−5.898	−5.915
BIC	−5.460	−5.595	−5.589	−5.552	−5.811	−5.816
MAE	0.078	0.066	0.067	0.067	0.051	0.058
RMSFE	0.012	0.010	0.010	0.010	0.008	0.008

注：(1)括号中为标准误。

(2)*** 、** 和* 分别表示在 1%、5%和 10%水平显著。

模型 1 仅包括了二氧化碳排放强度和它的二次项作为解释变量,用这一最简单的回归可以考察二氧化碳边际减排成本和二氧化碳排放强度之间可能存在的非线性关系。回归结果表明,在 1% 显著性水平下,二者的回归系数均显著异于零。二次项的系数是正的,这表明估计的二氧化碳边际减排成本曲线形状应该为一条 U 形曲线。

　　模型 2 到模型 5 在模型 1 的基础上,进一步逐步控制了产业结构、能源消费结构、城市化水平和私有车辆等变量。模型 6 则在此基础上进一步增加了时间趋势的对数项,其目的是控制可能的技术变化冲击。值得指出的是,时间趋势的控制有多种方式,本研究的设置和 Auffhammer 和 Carson (2008)的设定是一致的。

　　估计结果显示,二氧化碳边际减排成本和二氧化碳排放强度之间的非线性关系相对稳健。在所有的回归中,二氧化碳排放强度的系数均为负,而其二次项的系数均为正,所有的回归系数都在 1% 水平显著。此外,模型 1 的二氧化碳排放强度系数及其二次项回归系数和模型 2 到模型 6 的回归结果非常接近,这说明回归结果是相当稳健的。具体而言,二氧化碳排放强度系数在 $-0.04 \sim -0.02$,而其二次项系数则为 $0.02 \sim 0.03$。一旦确定了二氧化碳排放强度及其二次项的回归参数,就可以据此计算出二次函数的对称轴或者拐点。

　　从表 6-2 中可以进一步发现,产业结构、能源消费结构、城市化水平和私有车辆的数量都对二氧化碳的边际减排成本有显著影响,但是时间趋势的影响不显著。具体而言,重工业比重的上升会导致二氧化碳边际减排成本的上升,煤炭消费比重的上升则会导致二氧化碳边际减排成本的下降。城市化水平的提高以及私有车辆数量的增加都会导致二氧化碳边际减排成本的上升。在所有 6 个回归模型中,无论是从系数符号、系数大小还是从显著性水平来看,这些变量的回归系数都是相对稳健的。

　　表 6-2 的最后 4 行报告了回归的样本内拟合标准和样本外预测标准的结果。从表中可以看出,根据 AIC 和 BIA 准则的选择结构是一致的,两者均表明,从样本内拟合方面来看,模型 6 是最佳的拟合模型。然而,如果考虑样本外预测准则的话,模型 5 才是最佳的预测模型。总体来看,相对其他模型而言,模型 5 的 MAE 值和 RMSFE 值相对更小,虽然模型 5 和模型 6 的 RMSFE 值是相等的。这说明,基于模型 5 的预测误差会更小。因此,可以

认为,模型 5 在估计二次型二氧化碳边际减排成本曲线时是最佳的函数形式。

确定了最优的回归模型以后,可以计算出二次型边际减排成本曲线的拐点。容易计算,抛物线的对称轴约为 6 吨/万元。也就是说,平均而言,当各省的二氧化碳排放强度低于 6 吨/万元 GDP 以后,每额外减少一吨二氧化碳,都将导致更高的边际减排成本。在样本期间内,中国的平均二氧化碳排放强度为 2.88 吨/万元,所有省份的年均二氧化碳排放强度均没有超过 3.2 吨/万元。这意味着,对中国各省而言,二氧化碳边际减排成本曲线应该是 U 形抛物线的左侧部分,即中国的二氧化碳边际减排成本已处于不断上升阶段。

图 6-2 模拟了中国的二次型二氧化碳边际减排成本曲线。为简单起见,我们将产业结构、能源消费结构、城市化水平、私有车辆数量等协变量设定在样本平均值水平上。横轴衡量二氧化碳排放强度,纵轴衡量二氧化碳减排的影子价格。从图中可以看到,在二氧化碳排放强度低于 6 吨/万元 GDP 时,二氧化碳边际减排成本随二氧化碳排放强度的下降而迅速上升。

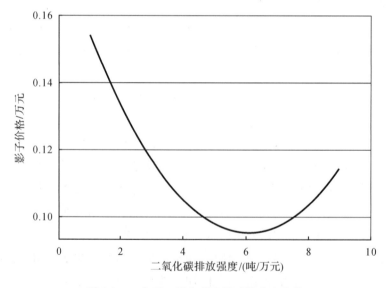

图 6-2 二次型二氧化碳边际减排成本曲线

6.4.2 对数型函数形式

对于对数型函数形式的二氧化碳边际减排成本曲线,考虑如下双向面板数据回归模型：

$$y_{i,t} = \alpha + \beta\ln(x_{i,t}) + \phi\mathbf{Z}_{i,t} + \lambda_t + \mu_i + \varepsilon_{i,t} \tag{6.7}$$

其中：$y_{i,t}$ 代表第 i 个省份在第 t 年的影子价格；$x_{i,t}$ 代表第 i 个省份在第 t 年的二氧化碳排放强度；$\mathbf{Z}_{i,t}$ 是协变量的向量；μ_i 是省份的个体效应；λ_t 是时间效应；$\varepsilon_{i,t}$ 是误差项。这些变量的定义和回归方程（6.6）是一致的。不同之处在于，方程（6.7）中，二氧化碳排放强度以对数形式表示，而在回归方程（6.6）中没有取对数形式。此外，在回归方程（6.7）中，将二氧化碳排放强度的二次项从回归中剔除。

同样，将总共拟合 6 个回归方程，并在这 6 个方程中逐步加入产业结构、能源消费结构、城市化水平、私有车辆数量、时间趋势等协变量。然后，用样本内拟合准则和样本外预测准则来选择最优回归模型。

类似地，可以分别用修正的 Wald 统计量和 Wooldridge 估计量分别检验对数型二氧化碳边际减排成本曲线的 6 个回归模型中的组间异方差和组内自相关性问题。检验结果显示，6 个回归模型均存在异方差性和自相关性的问题。如前所述，在此情况下，可以使用可行广义最小二乘法（FGLS）进行估计。我们假设各组之间没有横截面相关性，各组内的自相关性服从一阶自相关 AR(1)分布。表 6-3 报告了估计结果。

表 6-3　对数型二氧化碳边际减排成本曲线估计

因变量:MAC	模型 1	模型 2	模型 3	模型 4	模型 5	模型 6
ln(Cintens)	−0.037***	−0.042***	−0.038***	−0.030***	−0.038***	−0.032***
	(0.003)	(0.004)	(0.005)	(0.004)	(0.005)	(0.005)
Ratio_heavy		0.098***	0.097***	0.044***	0.086***	0.065***
		(0.014)	(0.014)	(0.011)	(0.015)	(0.017)
Ratio_coal			−0.040***	−0.002	−0.035**	−0.041**
			(0.015)	(0.012)	(0.017)	(0.017)
Ratio_urban				0.073***	0.049***	0.058***
				(0.015)	(0.015)	(0.018)
ln(private_car)					0.010***	0.011***
					(0.001)	(0.002)
ln(time)						0.003
						(0.002)
constant	0.149***	0.079***	0.109***	0.083***	0.056***	0.067***
	(0.004)	(0.008)	(0.015)	(0.012)	(0.017)	(0.018)

续表

因变量：MAC	模型 1	模型 2	模型 3	模型 4	模型 5	模型 6
估计方法	FGLS	FGLS	FGLS	FGLS	FGLS	FGLS
AIC	−5.523	−5.565	−5.589	−5.650	−5.890	−5.924
BIC	−5.499	−5.528	−5.539	−5.588	−5.816	−5.838
MAE	0.079	0.068	0.069	0.065	0.058	0.056
RMSFE	0.013	0.010	0.011	0.009	0.008	0.008

注：(1)括号中为标准误。

(2)***、**和*分别表示在1％、5％和10％水平显著。

和二次型函数形式一样，模型1简单考察了二氧化碳边际减排成本和二氧化碳排放强度之间的非线性关系，没有控制其他任何协变量的影响。回归结果显示，在1％显著性水平上，二氧化碳排放强度的回归系数仍然显著。回归系数为负，表明二氧化碳边际减排成本曲线向右下倾斜。这一结果和二次型函数的回归结果是一致的。

类似地，模型2到模型6在模型1的基础上进行了扩展，进一步包含了产业结构、能源消费结构、城市化水平、私有车辆数量以及时间趋势项。估计结果显示，二氧化碳排放强度的系数在所有回归模型中均为负，而且全部在1％水平显著。在各回归模型中，二氧化碳排放强度的回归系数非常接近，处于−0.04～−0.03，结果非常稳健，并且和模型1得到的结果非常相似。这意味着，在对数型函数形式下，中国的二氧化碳边际减排成本曲线也是向右下倾斜的，即随着二氧化碳排放强度的进一步降低，二氧化碳减排的边际成本将持续上升。

从表6-3中可以进一步发现，总体上，产业结构、能源消费结构、城市化水平和私有车辆数量都对二氧化碳的边际减排成本有显著影响，但是时间趋势的影响仍然是不显著的。总体上来看，重工业比重的上升会导致二氧化碳边际减排成本的上升，煤炭消费比重的上升则会导致二氧化碳边际减排成本的下降。城市化水平的提高以及私有车辆的增加都会导致二氧化碳边际减排成本的上升。在所有6个回归模型中，无论是从系数符号、系数大小还是从显著性水平来看，这些变量的回归系数是相对稳健的。

表6-3的最后四行报告了样本内拟合标准和样本外预测标准的值。从表中可以看出，根据AIC和BIC的选择结果是一致的，两个指标都认为，模型6

在样本内拟合上是最佳的。同时,根据样本外预测准则 MAE 和 RMSFE 的结果进行选择,模型 6 也是最佳的。但是,在模型 6 中,时间项的回归系数即使在 10% 水平上也是不显著的,因此,认为模型 5 是最佳的回归模型。也就是说,可以将模型 5 作为对数型二氧化碳边际减排成本曲线的最佳估计模型。

图 6-3 用对数函数形式模拟了二氧化碳边际减排成本曲线。同样,将产业结构、能源消费结构、城市化水平和私有车辆数量设定在样本平均值水平上。横轴表示二氧化碳排放强度,纵轴表示二氧化碳减排的影子价格。从图中可以观测到,对数型二氧化碳边际减排成本曲线向右下方倾斜,并且是凸向原点的。这意味着,当二氧化碳排放强度进一步下降时,中国每额外减少一单位二氧化碳排放量,将不得不付出更高的边际减排成本。这一结果和二次项函数的估计结果是一致的。

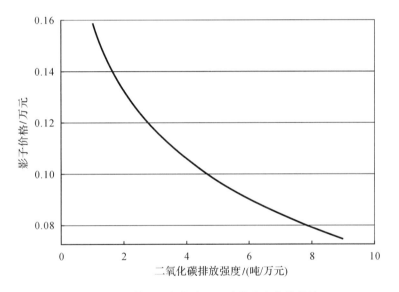

图 6-3　对数型二氧化碳边际减排成本曲线估计

6.4.3　指数型函数形式

为了估计指数型二氧化碳边际减排成本曲线,即 $y = e^{ax+b}$,需要在函数的两边都先取对数,然后再在回归方程中加入协变量和误差项。这样就获得了如下指数方程形式的二氧化碳边际减排成本曲线的回归模型:

$$\ln(y_{i,t}) = \alpha + \beta x_{i,t} + \phi \mathbf{Z}_{i,t} + \lambda_t + \mu_i + \varepsilon_{i,t} \tag{6.8}$$

式中:$y_{i,t}$ 代表第 i 个省份在第 t 年的影子价格;$x_{i,t}$ 代表第 i 个省份在第 t 年的二氧化碳排放强度;$Z_{i,t}$是协变量的向量;μ_i是省份的个体效应;λ_t是时间效应;$\varepsilon_{i,t}$是误差项。这一设置和方程(6.6)及(6.7)相似。需要注意的是,在回归方程(6.8)中,二氧化碳减排的边际成本以对数形式表示,而二氧化碳排放强度则没有取对数形式。

同样,将为指数型二氧化碳边际减排成本函数估计 6 个回归模型,在这些回归模型中,产业结构、能源消费结构、城市化水平、私有车辆数量、时间趋势等协变量将被逐步加入。

用修正的 Wald 统计量和 Wooldridge 统计量检验 6 个回归模型的组间异方差性和组内自相关性问题。检验结果显示,6 个回归模型都存在组间异方差性和组内自相关性问题。这样,必须再次使用 FGLS 方法进行估计,并假设组间的误差项结构存在异方差,并且组内存在一阶自相关是服从一阶自回归分布的。表 6-4 报告了估计结果。

表 6-4　指数型二氧化碳边际减排成本曲线估计

因变量:ln_MAC	模型 1	模型 2	模型 3	模型 4	模型 5	模型 6
Cintens	−0.062***	−0.094***	−0.076***	−0.049***	−0.050***	−0.056***
	(0.006)	(0.008)	(0.009)	(0.008)	(0.013)	(0.012)
Ratio_heavy		0.766***	0.602***	0.136	0.470***	0.387***
		(0.092)	(0.092)	(0.091)	(0.128)	(0.133)
Ratio_coal			−0.253***	−0.403***	−0.516***	−0.446***
			(0.121)	(0.092)	(0.138)	(0.144)
Ratio_urban				1.236***	0.915***	0.796***
				(0.104)	(0.108)	(0.111)
ln(private_car)					0.086***	0.078***
					(0.012)	(0.015)
ln(time)						0.035**
						(0.016)
constant	−2.128***	−2.533***	−2.296***	−2.362***	−2.693***	−2.564***
	(0.017)	(0.062)	(0.109)	(0.092)	(0.140)	(0.154)
估计方法	FGLS	FGLS	FGLS	FGLS	FGLS	FGLS
AIC	−1.377	−1.506	−1.491	−1.730	−1.942	−1.889
BIC	−1.352	−1.469	−1.442	−1.668	−1.868	−1.802
MAE	0.528	0.466	0.476	0.472	0.379	0.361
RMSFE	0.408	0.339	0.368	0.326	0.238	0.224

注:(1)括号中为标准误。

(2)***、**和*分别表示在 1%、5%和 10%水平显著。

模型 1 同样简单考察了二氧化碳边际减排成本和二氧化碳排放强度之间的非线性关系,没有控制其他任何协变量的影响。回归结果显示,在 1%显著性水平上,二氧化碳排放强度的回归系数是显著的。回归系数为 —0.06 左右,这表明二氧化碳边际减排成本曲线向右下倾斜。这一结果和二次型函数和对数型函数的回归结果一致。

模型 2 到模型 6 同样在模型 1 的基础上进行了扩展,进一步将产业结构、能源消费结构、城市化水平、私有车辆数量以及时间趋势项逐步在回归中进行控制。估计结果显示,二氧化碳排放强度的系数在所有回归模型中均在 1%水平显著,而且回归系数全部为负。在各回归模型中,虽然二氧化碳排放强度的回归系数不如前两种函数形式那么接近,但回归系数仍然处于一个较小的区间内,即在 —0.1～—0.05,结果仍然较为稳健。这说明,用指数函数形式进行拟合,中国的二氧化碳边际减排成本曲线仍然是向右下倾斜的。也就是说,随着二氧化碳排放强度的进一步降低,二氧化碳减排的边际成本将上升。

从表 6-4 中也可以发现,总体上而言,所有协变量,包括产业结构、能源消费结构、城市化水平、私有车辆数量和时间趋势,都对二氧化碳的边际减排成本有显著影响。总体上来看,重工业比重的上升会导致二氧化碳边际减排成本的上升,煤炭消费比重的上升则会导致二氧化碳边际减排成本的下降。城市化水平的提高以及私有车辆数量的增加都会导致二氧化碳边际减排成本的上升。时间趋势的回归系数是正的,这说明随着时间的推移,二氧化碳边际减排成本将越来越大。

从表 6-4 中最后四行报告的信息准则结果来看,模型 5 的 AIC 和 BIC 都是最小的,这说明回归模型 5 在样本内拟合意义上是最好的。然而,回归模型 6 的 MAE 和 RMSFE 是最小的,这说明模型 6 在样本外预测能力上表现最好。由于二氧化碳边际减排成本曲线的作用在于对未来进行政策分析,因此,选择回归模型 6 作为指数型二氧化碳边际减排成本曲线的最优回归模型。

图 6-4 模拟了指数型二氧化碳边际减排成本曲线。为方便起见,仍然将重工业比重、煤炭消费比重、城市化水平、私有车辆数量的值设定在样本平均值水平,而时间趋势则按照原有的趋势演进,即每年在数值上增加 1 单位。横轴衡量了二氧化碳排放的强度,纵轴衡量了二氧化碳的边际减排成本。

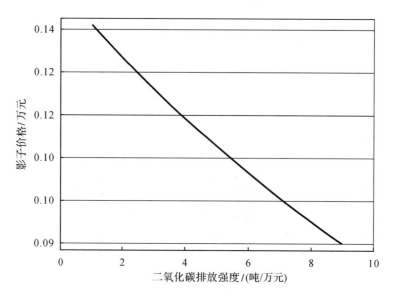

图 6-4　指数型二氧化碳边际减排成本曲线

从图中可以再一次观察到，二氧化碳边际减排成本随着二氧化碳排放强度的下降而减少。曲线是凸向原点的，虽然凸性没有之前两种函数形式那么显著。总体上来说，指数型函数形式的估计结果和前两种函数形式的估计结果是一致的。

6.4.4　幂次型函数形式

对于幂函数形式二氧化碳边际减排成本曲线，$y = ax^b$，需要在等式两边取对数。然后，可以构建以下回归模型：

$$\ln(y_{i,t}) = \alpha + \beta\ln(x_{i,t}) + \phi\boldsymbol{Z}_{i,t} + \lambda_t + \mu_i + \varepsilon_{i,t} \qquad (6.9)$$

式中：$y_{i,t}$ 代表第 i 个省份在第 t 年的影子价格；$x_{i,t}$ 代表第 i 个省份在第 t 年的二氧化碳排放强度；$\boldsymbol{Z}_{i,t}$ 是协变量的向量；μ_i 是省份的个体效应；λ_t 是时间效应；$\varepsilon_{i,t}$ 是误差项。可以看到，在回归模型(6.9)中，二氧化碳边际减排成本和二氧化碳排放强度都以对数形式表示。协变量 $\boldsymbol{Z}_{i,t}$ 的设定和前面三种函数形式是一致的。类似地，为幂次型二氧化碳边际减排成本曲线估计 6 个回归模型，并在 6 个模型中逐步加入重工业比重、煤炭消费比重、城市化水平、私有车辆数量和时间趋势等协变量。

相似地，使用修正的 Wald 统计量和 Wooldridge 统计量进行异方差和序列相关检验。检验结果显示，对 6 个回归模型而言，组间异方差性和组内自相关都是显著的。为了避免这些问题，使用 FGLS 进行估计。假设误差项结构存在组间异方差性，各横截面之间无相关性，各组内服从一阶自相关分布。表 6-5 报告了估计结果。

表 6-5　幂函数形式二氧化碳边际减排成本曲线估计

因变量:ln_MAC	模型 1	模型 2	模型 3	模型 4	模型 5	模型 6
ln(Cintens)	−0.273***	−0.397***	−0.296***	−0.245***	−0.266***	−0.268***
	(0.024)	(0.029)	(0.033)	(0.026)	(0.042)	(0.042)
Ratio_heavy		1.146***	0.838***	0.238***	0.623***	0.560***
		(0.102)	(0.105)	(0.092)	(0.131)	(0.142)
Ratio_coal			−0.163***	−0.218**	−0.360**	−0.330**
			(0.142)	(0.092)	(0.143)	(0.148)
Ratio_urban				1.170***	0.831***	0.669***
				(0.097)	(0.108)	(0.111)
ln(private_car)					0.084***	0.084***
					(0.012)	(0.014)
ln(time)						0.024
						(0.016)
constant	−2.002***	−2.686***	−2.489***	−2.489***	−2.793***	−2.663***
	(0.028)	(0.068)	(0.128)	(0.093)	(0.143)	(0.158)
估计方法	FGLS	FGLS	FGLS	FGLS	FGLS	FGLS
AIC	−1.485	−1.636	−1.552	−1.713	−1.951	−1.894
BIC	−1.460	−1.599	−1.502	−1.651	−1.876	−1.807
MAE	0.525	0.442	0.447	0.470	0.375	0.352
RMSFE	0.398	0.306	0.330	0.320	0.232	0.215

注:(1)括号中为标准误。

(2)***、** 和 * 分别表示在 1%、5% 和 10% 水平显著。

从表 6-5 中，可以发现，在所有 6 个回归模型中，二氧化碳排放强度的系数为负，在数值上非常接近，并且都在 1% 水平显著。这表明二氧化碳边际减排成本曲线是一条向右下倾斜的曲线。平均而言，在其他条件不变的情况下，二氧化碳排放强度下降 1%，将导致二氧化碳边际减排成本上升 0.245%～0.397%。

从表 6-5 中，可以进一步发现，产业结构、能源消费结构、城市化水平、私有车辆数量,都对二氧化碳的边际减排成本有显著影响。具体而言,重工业比重的上升会导致二氧化碳边际减排成本的上升,煤炭消费比重的上升则会导致二氧化碳边际减排成本的下降。城市化水平的提高以及私有车辆数量的增加都会导致二氧化碳边际减排成本的上升。时间趋势的回归系数是正的,但是,即使在10%的水平上,回归模型6中的时间趋势项依然不显著。

从表6-5中最后4行报告的模型选择指标来看,回归模型5的AIC值和BIC值在所有模型中最小,这表明回归模型5在样本内拟合标准上是最佳的。但是,回归模型6的MAE和RMSFE是最小的,这表明回归模型6的预测误差在所有模型中是最小的。也就是说,回归模型6在样本外预测能力上是最佳的。由于回归模型6的时间趋势项即使在10%水平上也不显著,因此,选择回归模型5作为幂次型二氧化碳边际减排成本曲线的最佳设定。

图6-5绘出了模拟的幂次型二氧化碳边际减排成本曲线。同样,将重工业比重、煤炭消费比重、城市化水平、私有车辆数量设定在样本均值水平。横轴表示二氧化碳排放强度,纵轴表示二氧化碳边际减排成本。从图中可以发现,二氧化碳边际减排成本曲线是一条向右下弯曲的曲线,而且整条曲线明显凸向原点。这意味着,随着二氧化碳排放强度的下降,中国的二氧化碳边际减排成本将持续上升,而且上升的速度不断加快。

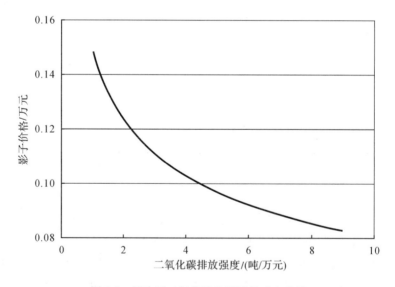

图6-5　幂次型二氧化碳边际减排成本曲线

以上通过样本内拟合标准和样本外预测标准,为每种函数形式的二氧化碳边际减排成本曲线选出了最优的回归方程,但是在四种函数形式中哪种函数形式是最优的,仍然有待进一步确定。为此,仍然可以借助样本内拟合标准和样本外预测标准进行选择。从上述估计结果中可以观测到,二次函数形式和对数函数形式的回归曲线比指数函数形式和幂次函数形式的回归曲线表现更好,因为前两个函数形式的 AIC、BIC、MAE 和 RMSFE 四个指标值都要比后两种函数形式更低。二次函数形式和对数函数形式之间的选择似乎并不明确,但一个清晰的选择仍然是可能的。虽然对数函数形式的 BIC 值相对二次函数形式的 BIC 值更低,但是,其他三个准则,即 AIC、MAE、RMSFE 的值都要相对更高,并且二次函数形式比对数函数形式更加灵活。因此,我们更倾向于采用二次函数形式作为中国二氧化碳边际减排成本曲线的最佳函数形式。在以下的政策分析中,将基于二次函数形式的二氧化碳边际减排成本曲线进行。

6.5 模拟中国的二氧化碳减排成本

一旦估计出二氧化碳的边际减排成本曲线,就可以进行相关的政策分析[1]。政策分析最明显的一个着手点就是估计中国二氧化碳减排的成本代价。中国政府在 2009 年向国际社会承诺,到 2020 年,中国的二氧化碳排放强度要在 2005 年水平的基础上降低 $40\%\sim45\%$。那么,要实现这一目标,中国必须付出多大的经济成本?这一问题的研究具有重要的政策意义。

如前所述,可以在二次型二氧化碳边际减排成本曲线的基础上,模拟二氧化碳排放强度降低的经济成本。更具体而言,可以基于表 6-2 中的回归模型 5 进行政策分析。

为了专注于分析二氧化碳边际减排成本和二氧化碳排放强度之间的关系,需要对重工业比重、煤炭消费比重、城市化水平、私有车辆数量等协变量在 2020 年可能达到的值预先进行设定。根据这些协变量的不同设定,考虑

---

① 严格来说,应该先估计每年的国家水平二氧化碳边际减排成本,然后通过计量回归得到国家水平的二氧化碳边际减排成本曲线。然而,这一方法要求的时间序列数据跨度较长。考虑到样本时间跨度较短(2001—2010 年),我们采取一种较为简单的方法,即从各省份二氧化碳减排的边际成本曲线加权得到国家水平的曲线。我们隐含地假设各省份二氧化碳边际减排成本曲线的各参数都是一样的。

三种情景,包括一切照旧情景(Business As Usual Scenario,BAU)、快速发展情景(Fast Development Scenario,FD)和慢速发展情景(Slow Development Scenario,SD)。表 6-6 报告了三种不同情景下各协变量的设定细节。

表 6-6　三种情景设定

情景	情景描述
一切照旧情景 (BAU)	• 重工业比重:2011—2015 年,每年下降 0.5%;2016—2020 年,也每年下降 0.5% • 煤炭消费比重:2011—2015 年,下降 3%;2016—2020 年,进一步下降 5% • 城市化水平:2011—2015 年,上升 4%;2016—2020 年,上升 4% • 私有车辆数量:2011—2015 年,每年上升 15%;2016—2020 年,每年上升 10%
快速发展情景 (FD)	• 重工业比重:2011—2015 年,每年下降 0.5%;2016—2020 年,每年下降 1% • 煤炭消费比重:2011—2015 年,下降 5%;2016—2020 年,进一步下降 5% • 城市化水平:2011—2015 年,上升 5%;2016—2020 年,上升 5% • 私有车辆数量:2011—2015 年,每年上升 15%;2016—2020 年,每年上升 15%
慢速发展情景 (LD)	• 重工业比重:2011—2015 年,维持在 2010 年水平;2016—2020 年,每年下降 0.5% • 煤炭消费比重:2011—2015 年,下降 3%;2016—2020 年,进一步下降 3% • 城市化水平:2011—2015 年,上升 4%;2016—2020 年,上升 3% • 私有车辆数量:2011—2020 年,每年上升 10%

1. 重工业比重

重工业比重对二氧化碳边际减排成本有显著的正的影响。何晓萍、刘希颖和林艳苹(2009)和 Du、Wei 和 Cai (2012)认为,随着经济的进一步发展和环保意识的觉醒,中国的重工业比重会逐渐减少。然而,在 2006—2010 年,中国重工业的份额事实上没有大的变化,甚至出现稍有上升的趋势。这说明,降低重工业比重并不是一件容易的事情。假设在一切照旧的情景下,在 2011—2015 年和 2016—2020 年中国的重工业比重将稍有下降,即每年减少 0.5 个百分点。对于快速发展情景,假设在 2011—2015 年中国的重工业比重将每年减少 0.5%,但是在 2016—2020 年,产业结构调整速度进一步加快,即重工业比重每年将下降 1%。对慢速发展情景,假设中国的重工业比重在 2011—2015 年将会保持在 2010 年水平,但是在 2016—2020 年,每年将会减少 0.5%。

2. 煤炭消费比重

中国政府发布的"十二五"能源发展规划(2011—2015 年)声明,政府计划将煤炭消费比重减少 3 个百分点。在进一步削减二氧化碳排放的压力下,可以合理地假定,在 2016—2020 年中国煤炭消费比重会进一步下降。为此,假定对于一切照旧情景,在 2011—2015 年中国的煤炭消费比重会减少 3%,而在 2016—2020 年则会进一步减少 5%。对于快速发展情景,假定在 2011—2015 年和 2016—2020 年中国的煤炭消费比重均减少 5%。对慢速发展情景,假定在 2011—2015 年和 2016—2020 年中国的煤炭消费比重均会减少 3% 左右。

3. 城市化水平

根据中国政府发布的国民经济和社会发展第"十二五"规划纲要(2011—2015 年),在 2011—2015 年中国的城镇化水平将增加约 4%。考虑到在 2001—2010 年中国的城镇化水平实际上增加了 7 个百分点,并且本届政府特别强调城镇化对中国经济发展的重要性,因此,有理由预期,这一增长趋势会在下个十年继续延续。假设对于一切照旧情景,在 2011—2015 年和 2016—2020 年中国的城市化水平均会增加 4% 左右。对于快速发展情景,在 2011—2015 年和 2016—2020 年城市化水平均会增加 5% 左右。对于慢速发展情景,假设在 2011—2015 年城市化水平将会增加 4%,而在 2016—2020 年将只增加 3% 左右。

4. 私有车辆数量

机动车辆已经成为中国污染的主要来源之一。根据 Huo 和 Wang(2012)的预测,中国私有车辆在 2010—2020 年将达到年均 14% 的增长速度。事实上,中国每万人车辆拥有量已经从 2001 年的 71 辆/万人增加到了 2010 年的 468 辆/万人,年均增速达到 20% 左右。但是,这一快速增长的趋势未必能够持续下去。在一些大城市,例如北京、上海和杭州,由于交通拥堵问题严重,当地政府已经开始通过控制车牌发放、单双号限行等措施来遏制私有车辆数量的无限制增长。为此，我们假设，对于一切照旧情景，私有车辆数量增速在2011—2015年为年均15%，在2016—2020年为年均10%。对于快速发展情景，假定在2011—2020年，中国的私有车辆数量将每年增速为15%。对于慢速发展情景，假设2011—2020年，私有车辆数量的每年的增速为10%左右。

在本研究的样本中，2005年，中国的二氧化碳排放强度是3.1吨/万元GDP，相应的二氧化碳边际减排成本为1099元。如果2020年中国的二氧化碳排放强度相对2005年水平下降40%～45%，则相当于二氧化碳排放强度1.71～1.86吨/万元GDP的下降额度。

表6-7 中国二氧化碳减排的边际成本模拟

二氧化碳排放强度下降比例	边际减排成本（元）			相对2005年水平的增长率		
	一切照旧情景	快速发展情景	慢速发展情景	一切照旧情景	快速发展情景	慢速发展情景
40%	1673	1693	1658	52%	54%	51%
45%	1702	1722	1687	55%	57%	54%

注：2005年的省际平均二氧化碳边际减排成本是1099元。

表6-7报告了三个情景下二氧化碳减排的边际成本变化情况的模拟结果。从表中可以看到，对于40%～45%的二氧化碳排放减少量，中国需要面临边际减排成本的巨幅增长。对于一切照旧情景设定，如果二氧化碳排放强度的减少目标是40%，那么，二氧化碳边际减排成本会增加1673元；如果二氧化碳排放强度的下降目标为45%，则二氧化碳边际减排成本会增加1702元。相比2005年水平，这一成本的增幅分别为52%和55%。对于快速发展情景而言，如果二氧化碳排放强度的减幅为40%，则二氧化碳边际减排成本将上升54%；如果减幅为45%，则边际减排成本的增幅为57%。对慢速发展情景而言，二氧化碳排放强度降低40%和45%所对应的二氧化碳减排边际成本的增幅分别是51%和54%。总体上来说，三种情景的模拟结果非常接近。[1]

---

[1] 为了使提供的二氧化碳边际减排成本曲线更符合实际的政策影响，需要模拟总量控制和碳排放交易系统或者碳税。本书暂不讨论这些话题，但这些主题代表了未来研究中有趣而重要的内容。

6.6　本章小结

本章估计了中国二氧化碳边际减排成本曲线。研究基于方向产出距离函数展开,使用了涵盖 30 个省(自治区、直辖市)、时间跨度为 2001—2010 年的省级面板数据。和一般的边际减排成本曲线不同,本研究着重考察了二氧化碳边际减排成本和二氧化碳排放强度之间的关系,并通过计量回归方法,模拟了二氧化碳边际减排成本曲线。在计量上估计了四种函数形式的二氧化碳边际减排成本曲线,并且根据样本内拟合标准和样本外预测标准选择了最优的函数形式。最后,估计的二氧化碳边际减排成本曲线被用于模拟中国承诺的二氧化碳排放强度降低 40%～45% 的情景。

计量回归结果显示,重工业比重、城镇化水平、私有车辆数量和二氧化碳边际减排成本具有显著的正相关关系,而煤炭消费比重则和二氧化碳边际减排成本具有负相关关系。每个参数的系数解读,则应该和不同的函数形式保持一致。以指数形函数为例,如果重工业比重增加 1 个百分点,则二氧化碳边际减排成本将会增加 0.387%。相似地,如果煤炭消费比重增加 1 个百分点,将会导致二氧化碳边际减排成本 0.446% 的降幅。

对于对数型、指数型和幂次型函数形式而言,二氧化碳边际减排成本曲线是向右下倾斜的,并且是凸向原点的。这意味着,在实现减少二氧化碳排放强度 40%～45% 的目标时,中国将面临不断上升的边际减排成本。在二次型函数形式下,二氧化碳边际减排成本曲线呈现 U 形,二氧化碳排放强度的拐点约为 6 吨/万元 GDP。有些省份的二氧化碳排放强度已经超过了拐点的数值,这意味着控制额外一单位排放会更加昂贵,边际减排成本会随着二氧化碳排放强度的下降而快速增加。[①]

情景模拟的结果显示,和 2005 年水平相比,为了达到二氧化碳排放强度降低 40%～45% 的目标,中国政府必须承受二氧化碳边际减排成本 51%～57% 的上涨,这是一个非常大的涨幅。然而,值得指出的是,二氧化碳排放强度(或者低碳化)的降低并非只会带来减排经济成本的上升,而是具有更

---

① 在样本期间内,仅有 4 个省份的二氧化碳排放强度高于 6 吨/万元 GDP,分别是山西省(2001—2005 年)、内蒙古自治区(2004 年,2006 年)、贵州省(2001 年、2003—2007 年)、宁夏回族自治区(2003—2010 年)。

为广泛的社会收益。环境质量的改善,通常被视作社会福利的提高,尽管用金钱很难衡量这一社会福利提高的幅度。

本研究的分析结果对于政策制定者、利益相关者和研究者都具有重要的意义。对于实证研究者,这一基于生产的方法在一定程度上提供了一个更好的估计二氧化碳边际减排成本曲线的替代方法。我们的方法提供了相关环境变量可以被解读的足够的灵活性。另外,这一方法的运用也相对透明和容易。至少,当不同的方法被采用时,通过基于生产的方法可以被视作比较的基准。

对于政策制定者,二氧化碳边际减排成本曲线提供了一个强大的分析工具,可以指导政策的制定和实施。二氧化碳边际减排成本曲线可以被用来模拟不同的减排政策的成本后果,例如,总量控制和排放交易系统的成本问题。政策制定者可以从不同的政策中选择最佳的那个政策,例如,如何设定可行的碳减排目标,如何分配总量控制和排放交易市场初始许可,以及如何决定碳税等。相较于征收碳税,中国政府更偏向于引入碳排放交易机制。事实上,中国已经以深圳、上海、北京、广州、天津、重庆和湖北为试点,启动了碳排放交易体制。下一步,中国政府应建立全国碳排放交易市场,以进一步改善二氧化碳减排的效率和公平。

值得注意的是,本研究使用的方法非常依赖二氧化碳边际减排成本的估计。方向向量、方向距离函数的函数形式和估计技术的选择对最终的估计结果都可能产生较大的影响。对于以后在这一领域做进一步研究的学者来说,提炼估计边际减排成本的方法是很重要的。另外,设计情景模拟时,研究者不同的假设可能影响碳减排成本规划。因此,政策制定者应该根据经济技术环境的变化,适时地调整这些情景的设定,以使分析结果更符合实际情况。此外,本研究把分析二氧化碳减排的时间限定在2020年,并且隐含地假定碳排放交易市场尚未建立。如果引入碳排放交易体系,相关结果可能会有较大变化,在进一步研究中,碳交易体系的引入是非常重要的。

第 7 章

结论与启示

7.1　主要结论

本书基于 1997—2012 年中国 30 个省(自治区、直辖市)的面板数据,考察了二氧化碳排放的影响因素、排放趋势、排放效率、减排成本等问题,基本研究结论总结如下:

(1)1997—2012 年期间,中国的二氧化碳排放总量和人均排放量都呈现出大幅度持续增长的趋势,但是不同区域的排放量和增长速度有所不同。煤炭燃烧是中国二氧化碳排放的最主要来源,占到 80% 以上,排在第二位的石油燃烧产生的二氧化碳占比要小得多,基本上维持在 11% 左右,而排在第三位的天然气燃烧产生的二氧化碳比重则不到 3%。从二氧化碳排放的强度来看,1997—2012 年期间,中国的二氧化碳排放强度是不断下降的,而且呈现出较大的地区差异,东部地区的二氧化碳排放强度始终低于中部地区,而中部地区则始终低于西部地区。这一差别和三大地区的经济发展水平基本相符。

(2)经济发展水平、技术进步、能源消费结构和产业结构是影响中国二氧化碳排放的主要因素,而城市化水平的影响则不显著。人均二氧化碳排放量与经济发展水平之间存在倒 U 形关系,而且目前中国大多数省份仍然还没有达到拐点。资本的速度调整会影响中国的二氧化碳排放量,这说明加快资本的更新换代是减少二氧化碳排放的有效途径。情景模拟显示,中国的人均二氧化碳排放量和二氧化碳排放总量在 2020 年之前都将持续增加,但是减排的潜力仍然很大。

(3)"十五"和"十一五"期间,中国考虑碳排放的环境技术无效率不断增加。"十五"期间,中国可以进一步减少 4.5％的二氧化碳排放,对应的二氧化碳排放量为 0.86 亿吨。"十一五"期间,二氧化碳的减排潜力增加到 4.9％,相应减少的排放量达到 16 亿吨。同时,中国二氧化碳减排的影子价格不断增加。"十五"期间,中国二氧化碳减排的影子价格从 1000 元/吨增加至 1100 元/吨,而在"十一五"期间,影子价格从 1200 元/吨大幅增加至 2100元/吨。三大区域的二氧化碳减排影子价格差异较大,东部地区的平均影子价格远高于中部和西部地区。

(4)对于对数型、指数型和幂次型函数形式而言,二氧化碳边际减排成本曲线是向右下倾斜的,并且是凸向原点的。这意味着,在实现减少二氧化碳排放强度 40％～45％的目标时,中国将面临不断上升的边际减排成本。在二次型函数形式下,二氧化碳边际减排成本曲线呈现 U 形,二氧化碳排放强度的拐点约为 6 吨/万元 GDP。部分省份的二氧化碳排放强度已经超过了拐点的数值,这意味着控制额外一单位排放会更加昂贵,边际减排成本会随着二氧化碳排放强度的下降而快速增加。情景模拟的结果显示,和 2005年的水平相比,为了达到二氧化碳排放强度降低 40％～45％的目标,中国政府必须承受二氧化碳边际减排成本 51％～57％的上涨,这是一个非常大的涨幅。

7.2 政策含义

本书的研究结果具有重要的政策意义,可以为相关政府部门制定合理的温室气体减排战略提供有益的参考。

首先,中国仍然是一个发展中国家,发展经济仍应放在首位,在这种情况下,即使存在政府积极的减排政策干预,中国的人均二氧化碳排放量和排放总量至少在中短期内仍将持续上升,而且减排的成本也变得越来越高,因此,对中国政府而言,实行严格的二氧化碳排放绝对减排,压力是很大的。对于发达国家来说,为中国的二氧化碳减排提供更多的资金支持和先进技术,而不是要求中国承诺强制绝对减排,将更有帮助。

其次,通过持续降低二氧化碳排放强度,中国事实上已经为国际温室气体减排做出了巨大贡献,但是,如果中国各省份的生产效率都能够达到生产前沿水平,则在促进经济持续增长的同时,仍然存在进一步削减二氧化碳排放的空间和潜力,这预示着"双重红利"的机会仍然存在。对中国政府而言,在接下来的低碳政策制定中,应提供更多的激励措施,以推动地方和企业提高自身的生产效率,这一"双重红利"是可以实现的。

最后,由于经济发展水平、产业结构、能源结构的不同,中国各省份的二氧化碳减排潜力和成本存在巨大的差异,因此,政府在制定低碳政策的过程中,应从公平和效率两个维度出发,充分考虑地区之间的现实差异,实行差别化减排政策。以市场为基础的减排机制可以为二氧化碳减排创造巨大的成本节约的机会。2013 年以来,中国已经在北京、天津、上海、深圳、广州、重庆、湖北等地建立了七个碳排放交易试点市场,积累了一定的经验,下一步应该着手建立一个全国性的碳排放交易系统,进一步提高温室气体减排的效率。

7.3 进一步研究的方向

由于时间和精力的限制,本书的研究仍然较为初步。在未来的研究中,可以在以下方面进一步进行深化和拓展。

(1)本书在估算中国各省份的二氧化碳排放量时,仅考虑了化石能源燃烧排放的二氧化碳,而没有考虑水泥、石灰等产品生产造成的二氧化碳排放量。同时,本书也没有考虑森林、草地等碳汇因素,这可能会对二氧化碳排放量估计的精确性造成一定的影响。在未来的研究中,可以将这些因素考虑进去。

(2)本书在估计二氧化碳排放效率和减排成本时,隐含地假设各省份拥有共同的生产前沿,从而忽略了地区之间的异质性,从而可能造成一定程度的偏误。在未来的研究中,可以基于 meta-frontier 估计技术,将省份之间的异质性纳入考虑范围。

(3)本书在估计二氧化碳排放效率和减排成本时,采用了参数化的线性规划方法。这一方法的最大弱点在于,无法将扰动因素纳入分析。在未来的研究中,可以基于 bootstrapping 方法,为相关的估计参数提供置信区间,也可以为环境效率和减排成本的估计值提供置信区间。

(4)本书把分析二氧化碳减排的时间限定在2020年,并且隐含地假定碳排放权交易市场尚未建立。如果引入碳排放权交易体系,相关结果可能会有较大变化。在进一步研究中,碳排放权交易体系的引入是非常重要的。

需要指出的是,本书的研究结果和政策建议是根据当前的实际情况得出的,随着时间的改变,现实情况必然会有所改变。因此,政策制定者应该根据经济技术环境的变化,适时地调整相关模型的设定,以使分析结果更符合实际情况,使得出的政策建议更具指导意义。

参考文献

[1] Agras J, Chapman D. A dynamic approach to the Environmental Kuznets Curve hypothesis[J]. Ecological Economics, 1999, 28(2): 267-277.

[2] Aigner D, Lovell C K, Schmidt P. Formulation and estimation of stochastic frontier production function models [J]. Journal of Econometrics, 1977, 6(1): 21-37.

[3] Aigner D J, Chu S F. On estimating the industry production function [J]. The American Economic Review, 1968, 58(4): 826-839.

[4] Alcántara V, Roca J. Energy and CO_2 emissions in Spain: methodology of analysis and some results for 1980—1990[J]. Energy Economics, 1995, 17(3): 221-230.

[5] Aldy J E. Energy and carbon dynamics at advanced stages of development: An analysis of the US states, 1960—1999 [J]. The Energy journal, 2007, 28(1): 91-111.

[6] Anderson T W, Hsiao C. Estimation of dynamic models with error components[J]. Journal of the American Statistical Association, 1981, 76(375): 598-606.

[7] Andreoni J, Levinson A. The simple analytics of the environmental Kuznets curve [J]. Journal of Public Economics, 2001, 80(2): 269-286.

[8] Ang B. Is the energy intensity a less useful indicator than the carbon factor in the study of climate change? [J]. Energy Policy, 1999, 27

（15）：943-946.

[9] Ang B，Zhang F. Inter-regional comparisons of energy-related CO_2 emissions using the decomposition technique[J]. Energy，1999，24（4）：297-305.

[10] Ang B J. CO_2 emissions，research and technology transfer in China [J]. Ecological Economics，2009，68（10）：2658-2665.

[11] Ang B W. The LMDI approach to decomposition analysis：a practical guide[J]. Energy Policy，2005，33（7）：867-871.

[12] Ang B W，Pandiyan G. Decomposition of energy-induced CO_2 emissions in manufacturing[J]. Energy Economics，1997，19（3）：363-374.

[13] Ang B W，Zhang F Q. A survey of index decomposition analysis in energy and environmental studies［J］. Energy，2000，25（12）：1149-1176.

[14] Arellano M，Bond S. Some tests of specification for panel data：Monte Carlo evidence and an application to employment equations[J]. Review of Economic Studies，1991，58（2）：277-297.

[15] Auffhammer M，Carson R T. Forecasting the path of China's CO_2 emissions using province-level information［J］. Journal of Environmental Economics and Management，2008，55（3）：229-247.

[16] Auffhammer M，Steinhauser R. Forecasting the path of US CO_2 emissions using state-level information[J]. Review of Economics and Statistics，2012，94（1）：172-185.

[17] Böhringer C，Löschel A，Moslener U，et al. EU climate policy up to 2020：An economic impact assessment[J]. Energy Economics，2009，31（Supplement 2）：295-S305.

[18] Böhringer C，Rutherford T F. Carbon taxes with exemptions in an open economy：a general equilibrium analysis of the German tax initiative[J]. Journal of Environmental Economics and Management，1997，32（2）：189-203.

[19] Baker，Clarke，Shittu E. Technical change and the marginal cost of abatement[J]. Energy Economics，2008，30（6）：2799-2816.

[20] Baltagi H B. Econometric analysis of panel data (third edition)[M]. England: John Wiley & Sons, Ltd,2005.

[21] Barros C P, Managi S, Matousek R. The technical efficiency of the Japanese banks: Non-radial directional performance measurement with undesirable output[J]. Omega,2012, 40(1): 1-8.

[22] Bartz S, Kelly L D. Economic growth and the environment: theory and facts [J]. Resource and Energy Economics, 2008, 30 (2): 115-149.

[23] Battese G E, Rao D P, O'Donnell C J. A metafrontier production function for estimation of technical efficiencies and technology gaps for firms operating under different technologies [J]. Journal of Productivity Analysis, 2004,21(1): 91-103.

[24] Baumol W J, Oates W E. The Theory of Environmental Policy[M]. Cambridge: Cambridge University Press,1988.

[25] Blackorby C, Russell R R. The Morishima elasticity of substitution: symmetry, constancy, reparability, and its relationship to the Hicks and Allen elasticity[J]. Review of Economic Studies, 1981,48(1): 147-158.

[26] Boyd G, Molburg J, Prince R. Alternative methods of marginal abatement cost estimation: non-parametric distance functions[R]. Argonne National Lab., IL (United States), Decision and Information Sciences Div,1996.

[27] Boyd G, Tolley G, Pang J. Plant level productivity, efficiency, and environmental performance of the container glass industry [J]. Environmental and Resource Economics, 2002,23(1): 29-43.

[28] Brännlund R, Nordström J. Carbon tax simulations using a household demand model[J]. European Economic Review, 2004, 48 (1): 211-233.

[29] Brock W A, Taylor M S. Economic growth and the environment: a review of theory and empirics [M]. //AghionP, Durlauf S N. Handbook of economic growth. Netherland: North-Holland, 2005: 1749-1821.

[30] Budzianowski W M. Target for national carbon intensity of energy by 2050: A case study of Poland's energy system[J]. Energy, 2012,46(1): 575-581.

[31] Burniaux J-M, Chateau J, Duval R. Is there a case for carbon-based border tax adjustment? An applied general equilibrium analysis[J]. Applied Economics, 2013,45(16): 2231-2240.

[32] Burniaux J-M, Nicoletti G, Oliveira-Martins J. Green: A global model for quantifying the costs of policies to curb CO_2 emissions[J]. OECD Economic Studies, 1992,19: 49-49.

[33] Burniaux J-M, Truong T P. GTAP-E: an energy-environmental version of the GTAP model [R], Purdue University GTAP Technical Papers,2002.

[34] Cai W, Wang C, Wang K, et al. Scenario analysis on CO_2 emissions reduction potential in China's electricity sector[J]. Energy Policy, 2007, 35(12): 6445-6456.

[35] Cai W J, Wang C, Chen J N, et al. Comparison of CO_2 emission scenarios and mitigation opportunities in China's five sectors in 2020 [J]. Energy Policy, 2008,36(3): 1181-1194.

[36] Capros P, Mantzos L, Vouyoukas L, et al. European energy and CO_2 emissions trends to 2020: PRIMES model v. 2 [J]. Bulletin of Science, Technology & Society, 1999,19(6): 474-492.

[37] Carlén B. Market power in international carbon emissions trading: a laboratory test[J]. The Energy journal, 2003,24(3): 1-26.

[38] Chambers R G, Chung Y, Färe R. Profit, directional distance functions, and Nerlovian efficiency [J]. Journal of Optimization Theory and Applications, 1998, 98(2): 351-364.

[39] Charnes A, Cooper W W, Rhodes E. Measuring the efficiency of decision making units[J]. European Journal of Operational Research, 1978,2(6): 429-444.

[40] Chen W. The costs of mitigating carbon emissions in China: findings from China Markal-Macro modeling[J]. Energy Policy,2005, 33(7): 885-896.

[41] Chen W, Wu Z, He J, et al. Carbon emission control strategies for China: A comparative study with partial and general equilibrium versions of the China MARKAL model[J]. Energy, 2007,32(1): 59-72.

[42] Chen Y, Sijm J, Hobbs B F, et al. Implications of CO_2 emissions trading for short-run electricity market outcomes in northwest Europe [J]. Journal of Regulatory Economics, 2008,34(3): 251-281.

[43] Choi K-H. Analysis of CO_2 emissions from fossil fuel in Korea: 1961 −1994[R]. MIT Joint Program on the Science and Policy of Global Change,1997.

[44] Choi Y, Zhang N, Zhou P. Efficiency and abatement costs of energy-related CO_2 emissions in China: A slacks-based efficiency measure [J]. Applied Energy,2012, 98: 198-208.

[45] Chung Y H, Färe R, Grosskopf S. Productivity and undesirable outputs: A directional distance function approach[J]. Journal of Environmental Management, 1997,51(3): 229-240.

[46] Coggins J S, Swinton J R. The price of pollution: A dual approach to valuing SO_2 allowances[J]. Journal of Environmental Economics and Management, 1996,30(1): 58-72.

[47] Cole M A, Rayner A J, Bates J M. The environmental Kuznets curve: an empirical analysis [J]. Environment and Development Economics, 1997,2(4): 401-416.

[48] Criqui P, Mima S, Viguier L. Marginal abatement costs of CO_2 emission reductions, geographical flexibility and concrete ceilings: an assessment using the POLES model[J]. Energy Policy, 1999, 27 (10): 585-601.

[49] Dasgupta S, Huq M, Wheeler D. et al. Water pollution abatement by Chinese industry: cost estimates and policy implications [J]. Applied Economics, 2001,33(4): 547-557.

[50] Dasgupta S, Laplante B, Wang H, et al. Confronting the Environmental Kuznets curve[J]. Journal of Economic Perspectives, 2002,16(1): 147-168.

[51] De Cara S, Jayet P-A. Marginal abatement costs of greenhouse gas emissions from European agriculture, cost effectiveness, and the EU non-ETS burden sharing agreement[J]. Ecological Economics, 2011, 70(9): 1680-1690.

[52] Delarue E, Ellerman A D, D'haeseleer W. Robust MACCs? The topography of abatement by fuel switching in the European power sector[J]. Energy, 2010, 35(3): 1465-1475.

[53] Diakoulaki D, Mandaraka M. Decomposition analysis for assessing the progress in decoupling industrial growth from CO_2 emissions in the EU manufacturing sector[J]. Energy Economics, 2007, 29(4): 636-664.

[54] Dinda S. Environmental Kuznets curve hypothesis: a survey[J]. Ecological Economics, 2004, 49(4): 431-455.

[55] Du L, Hanley A, Wei C. Marginal abatement costs of carbon dioxide emissions in China: A parametric analysis[J]. Environmental and Resource Economics, 2015, 61:191-216.

[56] Du L, Hanley A, Wei C. Estimating the marginal abatement cost curve of CO_2 emissions in China: provincial panel data analysis[J]. Energy Economics, 2015, 48: 217-229.

[57] Du L M, Wei C, Cai S H. Economic development and carbon dioxide emissions in China: Provincial panel data analysis [J]. China Economic Review, 2012, 23(2): 371-384.

[58] EIA International Energy Outlook [R/OL]. Energy Information Administration, http://arsiv.setav.org/ups/dosya/25025.pdf, 2009.

[59] Ekins P. How large a carbon tax is justified by the secondary benefits of CO_2 abatement? [J]. Resource and Energy Economics, 1996, 18 (2): 161-187.

[60] Elkins P, Baker T. Carbon taxes and carbon emissions trading[J]. Journal of Economic Surveys, 2001, 15(3): 325-376.

[61] Ellerman A D, Decaux A. Analysis of post-Kyoto CO_2 emissions trading using marginal abatement curves [R]. MIT Joint Program on the Science and Policy of Global Change, 1998.

[62] Enkvist P-A，Dinkel J，Lin C. Impact of the financial crisis on carbon economics：Version 2. 1 of the global greenhouse gas abatement cost curve[R]. McKinsey & Company，2010.

[63] Enkvist P，Nauclér T，Rosander J. A cost curve for greenhouse gas reduction[J]. McKinsey Quarterly，2007,1：1-7.

[64] Färe R，Grosskopf S. Directional distance functions and slacks-based measures of efficiency[J]. European Journal of Operational Research，2010,200(1)：320-322.

[65] Färe R，Grosskopf S，Lovell C A K，et al. Derivation of shadow prices for undesirable outputs：a distance function approach[J]. The Review of Economics and Statistics，1993,75(2)：374-380.

[66] Färe R，Grosskopf S，Noh D W，et al. Characteristics of a polluting technology：theory and practice[J]. Journal of Econometrics，2005，126(2)：469-492.

[67] Färe R，Grosskopf S，Pasurka C A. Environmental production functions and environmental directional distance functions [J]. Energy，2007,32(7)：1055-1066.

[68] Färe R，Grosskopf S，Weber W L. Shadow prices and pollution costs in US agriculture[J]. Ecological Economics，2006,56(1)：89-103.

[69] Fan Y，Liu L-C，Wu G，et al. Analyzing impact factors of CO_2 emissions using the STIRPAT model[J]. Environmental Impact Assessment Review，2006,26(4)：377-395.

[70] Fan Y，Liu L C，Wu G，et al. Changes in carbon intensity in China：Empirical findings from 1980—2003[J]. Ecological Economics，2007，62(3-4)：683-691.

[71] Farrell M J. The measurement of productive efficiency[J]. Journal of the Royal Statistical Society，1957,120(3)：253-290.

[72] Feng K，Hubacek K，Guan D. Lifestyles，technology and CO_2 emissions in China：A regional comparative analysis[J]. Ecological Economics，2009，69(1)：145-154.

[73] Fischer C，Morgenstern R D. Carbon abatement costs：Why the wide range of estimates? [J]. Energy Journal，2006,27(2)：73-86.

[74] Fishbone L G, Abilock H. MARKAL, a linear - programming model for energy systems analysis: Technical description of the BNL version[J]. International journal of Energy research, 1981, 5(4): 353-375.

[75] Friedl B, Getzner M. Determinants of CO_2 emissions in a small open economy[J]. Ecological Economics, 2003, 45(1): 133-148.

[76] Galeotti M, Lanza A, Pauli F. Reassessing the environmental Kuznets curve for CO_2 emissions: a robustness exercise [J]. Ecological Economics, 2006, 57(1): 152-163.

[77] Garbaccio R F, Ho M S, Jorgenson D W. Controlling carbon emissions in China[J]. Environment and Development Economics, 1999, 4(4): 493-518.

[78] Gielen D. Toward integrated energy and materials policies? A case study on CO_2 reduction in the Netherlands[J]. Energy Policy, 1995, 23(12): 1049-1062.

[79] Gielen D, Chen C. The CO_2 emission reduction benefits of Chinese energy policies and environmental policies: A case study for Shanghai, period 1995—2020 [J]. Ecological Economics, 2001, 39 (2): 257-270.

[80] Greene W H. Econometric Analysis [M]. 5th ed. New Jersey: Prentice Hall, 2003.

[81] Greening L A. Effects of human behavior on aggregate carbon intensity of personal transportation: comparison of 10 OECD countries for the period 1970—1993[J]. Energy Economics, 2004, 26 (1): 1-30.

[82] Greening L A, Davis W B, Schipper L. Decomposition of aggregate carbon intensity for the manufacturing sector: comparison of declining trends from 10 OECD countries for the period 1971—1991[J]. Energy Economics, 1998, 20(1): 43-65.

[83] Grossman G M, Krueger A B. Environmental impacts of a North American free trade agreement[R]. National Bureau of Economic Research, Working paper No. 3914, 1991.

[84] Grossman M G, Krueger B A. Economic growth and the environment. [J]. The Quarterly Journal of Economics, 1995,110 (2): 353-377.

[85] Han X, Chatterjee L. Impacts of growth and structural change on CO_2 emissions of developing countries [J]. World Development, 1997,25(3): 395-407.

[86] Harbaugh W T, Levinson A, Wilson D M. Reexamining the empirical evidence for an environmental Kuznets curve[J]. Review of Economics and Statistics, 2002,84(3): 541-551.

[87] Hartman R, Kwon O-S. Sustainable growth and the environmental Kuznets curve[J]. Journal of Economic Dynamics and Control, 2005, 29(10): 1701-1736.

[88] Hartman R S, Wheeler D, Singh M. The cost of air pollution abatement[J]. Applied Economics, 1997,29(6): 759-774.

[89] He K, Huo H, Zhang Q, et al. Oil consumption and CO_2 emissions in China's road transport: current status, future trends, and policy implications[J]. Energy Policy, 2005,33(12): 1499-1507.

[90] Hilton F H, Levinson A. Factoring the environmental Kuznets curve: evidence from automotive lead emissions [J]. Journal of Environmental Economics and Management,1998, 35(2): 126-141.

[91] Hoel M. Should a carbon tax be differentiated across sectors? [J]. Journal of Public Economics, 1996,59(1): 17-32.

[92] Holtz-Eakin D, Selden M T. Stoking the fires? CO_2 emissions and economic growth [J]. Journal of Public Economics, 1995, 57 (1): 85-101.

[93] Hsiao C. Analysis of panel data[M]. 2th ed. Cambridge: Cambridge University Press,2003.

[94] Huang Y, Bor Y J, Peng C-Y. The long-term forecast of Taiwan's energy supply and demand: LEAP model application [J]. Energy Policy, 2011,39(11): 6790-6803.

[95] Huo H, Wang M. Modeling future vehicle sales and stock in China [J]. Energy Policy, 2012,43: 17-29.

[96] Hutzler M, Anderson A. World Energy Projection System model documentation[R]. Energy Information Administration, Office of Integrated Analysis and Forecasting, Washington, DC (United States),1997.

[97] IEA. World energy model-methodology and assumptions [R/OL]. http://www. worldenergyoutlook. orgdocsweo2007/WEM_Methodology_ 2007. pdf, 2007.

[98] IEA. World energy outlook[R/OL]. International Energy Agency, http://www. worldenergyoutlook. org/publications/2008-1994/ 2008.

[99] IEA. World energy outlook[R/OL]. International Energy Agency, http://www. worldenergyoutlook. org/publications/weo-2009/2009.

[100] IPCC. 2006 IPCC guidelines for national greenhouse gas inventories [R]. Institutefor Global Environmental Strategies, Hayama, Kanagawa, Japan,2006.

[101] Jackson T. Least-cost greenhouse planning supply curves for global warming abatement[J]. Energy Policy,1991, 19(1): 35-46.

[102] Jalil A, Mahmud S F. Environment Kuznets curve for CO_2 emissions: A cointegration analysis for China[J]. Energy Policy, 2009,37(12): 5167-5172.

[103] Subler J,Yao K. China vows 'decisive' role for markets, results by 2020[N]. Reuters,2013,November 12.

[104] Jiang K, Hu X. Energy demand and emissions in 2030 in China: scenarios and policy options [J]. Environmental Economics and Policy Studies, 2006,7(3): 233-250.

[105] Jiang K, Masui T, Morita T, et al. Long-term emission scenarios for China[J]. Environmental Economics and Policy Studies, 1999,2 (4): 267-287.

[106] Jiang Y, Lin T, Zhuang J. Environmental Kuznets curves in the People's Republic of China: Turning points and regional differences [R]. ADB Economics Working Paper Series, 2008.

[107] John A, Pecchenino R. An overlapping generations model of growth and the environment[J]. The Economic Journal, 1994,104(427):

1393-1410.

[108] Jones L E, Manuelli R E. Endogenous policy choice: the case of pollution and growth[J]. Review of economic dynamics,2001, 4(2): 369-405.

[109] Judson A R, Owen A L. Estimating dynamic panel data models: A guide for macroeconomists [J]. Economic Letters, 1999, 65 (1): 9-15.

[110] Kainuma M, Matsuoka Y, Morita T. Climate policy assessment: Asia-Pacific integrated modeling[M]. Tokyo: Springer, 2003.

[111] Kainuma M, Matsuoka Y, Morita T, et al. Analysis of global warming stabilization scenarios: the Asian-Pacific Integrated Model [J]. Energy Economics, 2004,26(4): 709-719.

[112] Kainuma M, Matsuoka Y, Morita T, et al. Analysis of post-Kyoto scenarios: The Asian-Pacific integrated model [J]. The Energy journal, 1999,20(special issue): 207-220.

[113] Kaneko S, Fujii H, Sawazu N, et al. Financial allocation strategy for the regional pollution abatement cost of reducing sulfur dioxide emissions in the thermal power sector in China[J]. Energy Policy, 2010,38(5): 2131-2141.

[114] Kara M, Syri S, Lehtilä A, et al. The impacts of EU CO_2 emissions trading on electricity markets and electricity consumers in Finland [J]. Energy Economics, 2008,30(2): 193-211.

[115] Karathodorou N, Graham D J, Noland R B. Estimating the effect of urban density on fuel demand[J]. Energy Economics, 2010,32(1): 86-92.

[116] Kaya Y. Impact of carbon dioxide emission on GNP growth: interpretation of proposed scenarios[R]. Paris: Presentation to the energy and industry subgroup, response strategies working group, IPCC,1989.

[117] Ke T-Y, Hu J-L, Yang W-J. Green inefficiency for regions in China [J]. Journal of Environmental Protection, 2010,1(3): 330-336.

[118] Ke T-Y, Hu J L, Li Y, et al. Shadow prices of SO_2 abatements for

regions in China[J]. Agricultural and Resources Economics, 2008, 5 (2): 59-78.

[119] Kesicki F, Ekins P. Marginal abatement cost curves: a call for caution[J]. Climate Policy, 2012,12(2): 219-236.

[120] Kesicki F, Strachan N. Marginal abatement cost (MAC) curves: confronting theory and practice [J]. Environmental Science & Policy, 2011,14(8): 1195-1204.

[121] Kiviet F J. On bias, inconsistency, and efficiency of various estimators in dynamic panel data models [J]. Journal of Econometrics, 1995,68: 53-78.

[122] Klepper G, Peterson S. Marginal abatement cost curves in general equilibrium: The influence of world energy prices[J]. Resource and Energy Economics, 2006,28(1): 1-23.

[123] Kuik O, Brander L, Tol R S. Marginal abatement costs of greenhouse gas emissions: A meta-analysis [J]. Energy Policy, 2009, 37(4): 1395-1403.

[124] Kumar A, Bhattacharya S, Pham H-L. Greenhouse gas mitigation potential of biomass energy technologies in Vietnam using the long range energy alternative planning system model[J]. Energy,2003, 28(7): 627-654.

[125] Lakshmanan T, Han X. Factors underlying transportation CO_2 emissions in the USA: a decomposition analysis[J]. Transportation Research Part D: Transport and Environment, 1997,2(1): 1-15.

[126] Lantz V, Feng Q. Assessing income, population, and technology impacts on CO_2 emissions in Canada: Where's the EKC? [J]. Ecological Economics, 2006,57(2): 229-238.

[127] Lanz B, Rausch S. General equilibrium, electricity generation technologies and the cost of carbon abatement: A structural sensitivity analysis[J]. Energy Economics, 2011,33(5): 1035-1047.

[128] Lee H, Martins J O, Van der Mensbrugghe D. The OECD green model: An updated overview [R]. OECD Development Centre, Working paper No97,1994.

[129] Lee J-D, Park J-B, Kim T-Y. Estimation of the shadow prices of pollutants with production/environment inefficiency taken into account: a nonparametric directional distance function approach[J]. Journal of Environmental Management, 2002,64(4): 365-375.

[130] Lee M. The effect of sulfur regulations on the U. S. electric power industry: a generalized cost approach[J]. Energy Economics, 2002, 24(5): 491-508.

[131] Lee M, Zhang N. Technical efficiency, shadow price of carbon dioxide emissions, and substitutability for energy in the Chinese manufacturing industries[J]. Energy Economics, 2012,34(5): 1492-1497.

[132] Li A, Zhang A. Will carbon motivated border tax adjustments function as a threat? [J]. Energy Policy,2012, 47: 81-90.

[133] Li H Q, Wang L M, Shen L, et al. Study of the potential of low carbon energy development and its contribution to realize the reduction target of carbon intensity in China[J]. Energy Policy, 2012,41: 393-401.

[134] Li Y, Hewitt C. The effect of trade between China and the UK on national and global carbon dioxide emissions[J]. Energy Policy, 2008,36(6): 1907-1914.

[135] Liang Q-M, Fan Y, Wei Y-M. Carbon taxation policy in China: How to protect energy-and trade-intensive sectors? [J]. Journal of Policy Modeling, 2007, 29(2): 311-333.

[136] Liang Q-M, Fan Y, Wei Y-M. Multi-regional input-output model for regional energy requirements and CO_2 emissions in China[J]. Energy Policy, 2007,35(3): 1685-1700.

[137] Lin B, Li X. The effect of carbon tax on per capita CO_2 emissions [J]. Energy Policy, 2011,39(9): 5137-5146.

[138] Lin B, Sun C. Evaluating carbon dioxide emissions in international trade of China[J]. Energy Policy, 2010,38(1): 613-621.

[139] Lin S J, Chang T C. Decomposition of SO_2, NOx and CO_2 Emissions from Energy Use of Major Economic Sectors in Taiwan

[J]. The Energy journal,1996: 1-17.

[140] Liu L-C, Fan Y, Wu G, et al. Using LMDI method to analyze the change of China's industrial CO_2 emissions from final fuel use: An empirical analysis[J]. Energy Policy, 2007,35(11): 5892-5900.

[141] Lockwood B, Whalley J. Carbon-motivated Border Tax Adjustments: Old Wine in Green Bottles? [J]. The World Economy, 2010,33(6): 810-819.

[142] Lopez R. The environment as a factor of production: the effects of economic growth and trade liberalization [J]. Journal of Environmental Economics and Management,1994, 27(2): 163-184.

[143] Lopez R. , Mitra S. Corruption, pollution, and the Kuznets environment curve [J]. Journal of Environmental Economics and Management, 2000,40(2): 137-150.

[144] Loulou R. ETSAP-TIAM: the TIMES integrated assessment model. part II: mathematical formulation [J]. Computational Management Science,2008, 5(1-2): 41-66.

[145] Loulou R, Labriet M. ETSAP-TIAM: the TIMES integrated assessment model Part I: Model structure [J]. Computational Management Science, 2008,5(1-2): 7-40.

[146] Loulou R, Lavigne D. MARKAL model with elastic demands: application to greenhouse gas emission control [M]. Netherland: Springer, 1996.

[147] Lu C, Tong Q, Liu X. The impacts of carbon tax and complementary policies on Chinese economy [J]. Energy Policy, 2010,38(11): 7278-7285.

[148] Ma C, Stern D I. China's changing energy intensity trend: A decomposition analysis [J]. Energy Economics, 2008, 30 (3): 1037-1053.

[149] MacLeod M, Moran D, Eory V, et al. Developing greenhouse gas marginal abatement cost curves for agricultural emissions from crops and soils in the UK [J]. Agricultural Systems, 2010, 103 (4): 198-209.

[150] Maddison D. Environmental Kuznets curves: A spatial econometric approach [J]. Journal of Environmental Economics and Management, 2006, 51(2): 218-230.

[151] Managi S, Kaneko S. Economic growth and the environment in China: an empirical analysis of productivity [J]. International Journal of Global Environmental Issues, 2006,6(1): 89-133.

[152] Maradan D, Vassiliev A. Marginal costs of carbon dioxide abatement: empirical evidence from cross-country analysis [J]. Revue Suisse d Economie et de Statistique, 2005, 141(3): 377.

[153] Marklund P-O, Samakovlis E. What is driving the EU burden-sharing agreement: Efficiency or equity? [J]. Journal of Environmental Management, 2007,85(2): 317-329.

[154] Martínez-Zarzoso I, Bengochea-Morancho A. Pooled mean group estimation of an environmental Kuznets curve for CO_2 [J]. Economics Letters, 2004,82(1): 121-126.

[155] Matsuoka Y, Kainuma M, Morita T. Scenario analysis of global warming using the Asian Pacific Integrated Model (AIM) [J]. Energy Policy, 1995,23(4): 357-371.

[156] Matsushita K, Yamane F. Pollution from the electric power sector in Japan and efficient pollution reduction [J]. Energy Economics, 2012,34(4): 1124-1130.

[157] McNeil M, Letschert V, de la Rue du Can S, et al. Bottom-Up Energy Analysis System (BUENAS)—an international appliance efficiency policy tool [J]. Energy Efficiency, 2013,6(2): 191-217.

[158] Metcalf G E. An empirical analysis of energy intensity and its determinants at the state level [J]. Energy Journal, 2008, 29(3): 1-26.

[159] Moomaw W R, Unruh G C. Are environmental Kuznets curves misleading us? The case of CO_2 emissions [J]. Environment and Development Economics, 1997,2(4): 451-463.

[160] Moran D, Macleod M, Wall E, et al. Marginal abatement cost curves for UK agricultural greenhouse gas emissions [J]. Journal of

Agricultural Economics，2011,62(1)：93-118.

[161] Morris J，Paltsev S，Reilly J. Marginal abatement costs and marginal welfare costs for greenhouse gas emissions reductions：results from the EPPA model[J]. Environmental Modeling & Assessment，2012,17(4)：325-336.

[162] Mosnaim A. Estimating CO_2 abatement and sequestration potentials for Chile[J]. Energy Policy,2001, 29(8)：631-640.

[163] Mundaca L，Neij L，Worrell E，et al. Evaluating energy efficiency policies with energy-economy models [J]. Annual review of environment and resources，2010,35：305-344.

[164] Murty M N，Kumar S，Dhavala K K. Measuring environmental efficiency of industry：A case study of thermal power generation in India[J]. Environmental and Resource Economics，2007, 38(1)：31-50.

[165] Nag B，Parikh J. Indicators of carbon emission intensity from commercial energy use in India[J]. Energy Economics，2000,22(4)：441-461.

[166] Nakata T，Lamont A. Analysis of the impacts of carbon taxes on energy systems in Japan[J]. Energy Policy，2001,29(2)：159-166.

[167] Nauclér T，Enkvist P-A. Pathways to a low-carbon economy：Version 2 of the global greenhouse gas abatement cost curve[R]. McKinsey & Company，Report No192,2009.

[168] Nijkamp P，Wang，Kremers H. Modeling the impacts of international climate change policies in a CGE context：The use of the GTAP-E model[J]. Economic Modelling，2005,22(6)：955-974.

[169] Nordhaus W D. The cost of slowing climate change：a survey[J]. The Energy journal,1991, 12(1)：37-66.

[170] Nordhaus W D，Yang Z. A regional dynamic general-equilibrium model of alternative climate-change strategies[J]. The American Economic Review，1996,86(4)：741-765.

[171] Oh D-h. A metafrontier approach for measuring an environmentally sensitive productivity growth index[J]. Energy Economics，2010,32

(1)：146-157.

[172] Panayotou T, Sachs J, Peterson A. Developing countries and the control of climate change: empirical evidence[R]. Harvard Institute for International Development CAER II Discussion Paper No 45,1999.

[173] Qian Y, Weingast B R. Federalism as a commitment to perserving market incentives[J]. The Journal of Economic Perspectives, 1997, 11(4)：83-92.

[174] Qiu J. China's climate target: is it achievable[J]. Nature, 2009, 462：550-551.

[175] Raggi A, Barbiroli G. Factors influencing changes in energy consumption: the case of Italy, 1975—1985[J]. Energy Economics, 1992,14(1)：49-56.

[176] Ramanathan R. Combining indicators of energy consumption and CO_2 emissions: a cross-country comparison[J]. International Journal of Global Energy Issues, 2002,17(3)：214-227.

[177] Reig-Martínez E, Picazo-Tadeo A, Hernández-Sancho F. The calculation of shadow prices for industrial wastes using distance functions: An analysis for Spanish ceramic pavements firms[J]. International Journal of Production Economics, 2001, 69 (3)：277-285.

[178] Rezek J P, Campbell R C. Cost estimates for multiple pollutants: A maximum entropy approach[J]. Energy Economics, 2007,29(3)：503-519.

[179] Richmond A K, Kaufmann R K. Energy prices and turning points: the relationship between income and energy use/carbon emissions [J]. The Energy Journal, 2006,27(4)：157-180.

[180] Riley K. Motor vehicles in China: The impact of demographic and economic changes[J]. Population and Environment, 2002,23(5)：479-494.

[181] Roberts J T, Grimes P E. Carbon intensity and economic development 1962—1991: a brief exploration of the environmental

Kuznets curve[J]. World Development, 1997, 25(2): 191-198.

[182] Russ P, Criqui P. Post-Kyoto CO_2 emission reduction: the soft landing scenario analysed with POLES and other world models[J]. Energy Policy, 2007, 35(2): 786-796.

[183] Safaai N S M, Noor Z Z, Hashim H, et al. Projection of CO_2 emissions in Malaysia[J]. Environmental Progress & Sustainable Energy, 2011, 30(4): 658-665.

[184] Sato O, Tatematsu K, Hasegawa T. Reducing future CO_2 emissions—the role of nuclear energy [J]. Progress in Nuclear Energy, 1998, 32(3): 323-330.

[185] Schmalensee R, Stoker M T, Judson A R. World Carbon Dioxide Emissions: 1950-2050 [J]. Review of Economics and Statistics, 1998, 80(1): 15-27.

[186] Scholl L, Schipper L, Kiang N. CO_2 emissions from passenger transport: a comparison of international trends from 1973 to 1992 [J]. Energy Policy, 1996, 24(1): 17-30.

[187] Seebregts A J, Goldstein G A, Smekens K. Energy/environmental modeling with the MARKAL family of models [C]. Operations Research Proceedings, Springer, 2001: 75-82.

[188] Selden T M, Song D. Neoclassical growth, the J curve for abatement, and the inverted U curve for pollution[J]. Journal of Environmental Economics and Management, 1995, 29(2): 162-168.

[189] Shafik N. Economic development and environmental quality: an econometric analysis [J]. Oxford economic papers, 1994, 46: 757-773.

[190] Shafik N, Bandyopadhyay S. Economic growth and environmental quality: time-series and cross-country evidence [R]. the World Bank, Policy Research Working Paper No WPS904, 1992.

[191] Shephard R, Gale D, Kuhn H. Theory of cost and production functions[M]. Princeton: Princeton University Press, 1970.

[192] Shim G-E, Rhee S-M, Ahn K-H, et al. The relationship between the characteristics of transportation energy consumption and urban

form[J]. The Annals of Regional Science, 2006,40(2): 351-367.

[193] Shrestha R M, Timilsina G R. Factors affecting CO_2 intensities of power sector in Asia: a Divisia decomposition analysis[J]. Energy Economics, 1996,18(4): 283-293.

[194] Shrestha R M, Timilsina G R. SO_2 emission intensities of the power sector in Asia: effects of generation-mix and fuel-intensity changes [J]. Energy Economics, 1997,19(3): 355-362.

[195] Shrestha R M, Timilsina G R. A divisia decomposition analysis of NOx emission intensities for the power sector in Thailand and South Korea[J]. Energy, 1998,23(6): 433-438.

[196] Shui B, Harriss R C. The role of CO_2 embodiment in US-China trade[J]. Energy Policy, 2006,34(18): 4063-4068.

[197] Simões S, Cleto J, Fortes P, et al. Cost of energy and environmental policy in Portuguese CO_2 abatement—scenario analysis to 2020[J]. Energy Policy, 2008,36(9): 3598-3611.

[198] Simar L, Wilson P W. Estimating and bootstrapping Malmquist indices[J]. European Journal of Operational Research, 1999, 115 (3): 459-471.

[199] Simar L, Wilson P W. A general methodology for bootstrapping in non-parametric frontier models[J]. Journal of Applied Statistics, 2000,27(6): 779-802.

[200] Smith A E, Platt J, Ellerman A D. The costs of reducing utility SO_2 emissions—Not as low as you might think[J]. Public Utilities Fortnight,1998, May 15.

[201] Song M, An Q, Zhang W, et al. Environmental efficiency evaluation based on data envelopment analysis: A review [J]. Renewable and Sustainable Energy Reviews, 2012, 16 (7): 4465-4469.

[202] Song T, Zheng T, Tong L. An empirical test of the environmental Kuznets curve in China: A panel cointegration approach[J]. China Economic Review, 2008, 19(3): 381-392.

[203] Springer U. The market for tradable GHG permits under the Kyoto

Protocol: a survey of model studies[J]. Energy Economics, 2003,25 (5): 527-551.

[204] Stern D I. The rise and fall of the environmental Kuznets curve[J]. World Development, 2004,32(8): 1419-1439.

[205] Stern D I, Common M S. Is there an environmental Kuznets curve for sulfur? [J]. Journal of Environmental Economics and Management,2001, 41(2): 162-178.

[206] Stern N H. The economics of climate change: the Stern review[M]. Cambridge: Cambridge University Press,2007.

[207] Sun J. Accounting for energy use in China, 1980—1994 [J]. Energy,1998, 23(10): 835-849.

[208] Sun J. Decomposition of Aggregate CO_2 Emissions in the OECD: 1960-1995[J]. The Energy Journal, 1999,20(3): 147-155.

[209] Sun J, Malaska P. CO_2 emission intensities in developed countries 1980—1994[J]. Energy, 1998,23(2): 105-112.

[210] Swinton J. Phase I completed: An empirical assessment of the 1990 CAAA[J]. Environmental and Resource Economics,2004, 27(3): 227-246.

[211] Swinton J R. At what cost do we reduce pollution? shadow prices of SO_2 emissions[J]. The Energy journal, 1998,19(4): 63-83.

[212] Swinton J R. The potential for cost savings in the sulfur dioxide allowance market: empirical evidence from Florida [J]. Land Economics, 2002,78(3): 390-404.

[213] Tol R S. The marginal costs of greenhouse gas emissions[J]. The Energy Journal, 1999,20(1): 61-81.

[214] Tucker M. Carbon dioxide emissions and global GDP[J]. Ecological Economics, 1995,15(3): 215-223.

[215] Ulph A, Ulph D. The optimal time path of a carbon tax[J]. Oxford Economic Papers, 1994,46: 857-868.

[216] Vaillancourt K, Labriet M, Loulou R, et al. The role of nuclear energy in long-term climate scenarios: An analysis with the World-TIMES model[J]. Energy Policy,2008, 36(7): 2296-2307.

[217] Vaillancourt K，Loulou R，Kanudia A. The role of abatement costs in GHG permit allocations：A global stabilization scenario analysis [J]. Environmental Modeling & Assessment，2008，13（2）：169-179.

[218] Vardanyan M，Noh D-W. Approximating pollution abatement costs via alternative specifications of a multi-output production technology：A case of the US electric utility industry[J]. Journal of Environmental Management，2006，80(2)：177-190.

[219] Viguier L. Emissions of SO_2，NOx and CO_2 in transition economies：emission inventories and Divisia index analysis[J]. The Energy journal，1999,20(2)：59-87.

[220] Vogt-Schilb A，Hallegatte S. When starting with the most expensive option makes sense[R]. World Bank Policy Research Working Paper，No 5803,2011.

[221] Wagner M. The carbon Kuznets curve：a cloudy picture emitted by bad econometrics? [J]. Resource and Energy Economics，2008,30 (3)：388-408.

[222] Wang C，Cai W，Lu X，et al. CO_2 mitigation scenarios in China's road transport sector[J]. Energy Conversion and Management，2007,48(7)：2110-2118.

[223] Wang C，Chen J，Zou J. Decomposition of energy-related CO_2 emission in China：1957—2000[J]. Energy,2005，30(1)：73-83.

[224] Wang K，Wang C，Lu X，et al. Scenario analysis on CO_2 emissions reduction potential in China's iron and steel industry[J]. Energy Policy，2007,35(4)：2320-2335.

[225] Wang Q，Cui Q，Zhou D，et al. Marginal abatement costs of carbon dioxide in China：A nonparametric analysis[J]. Energy Procedia，2011,5：2316-2320.

[226] Wang Q，Zhou P，Zhou D. Efficiency measurement with carbon dioxide emissions：the case of China[J]. Applied Energy，2012,90 (1)：161-166.

[227] Wang T，Watson J. Who owns China's carbon emissions[R].

Tyndall Briefing Note，Report No 23，2007.

[228] Weber C L，Peters G P，Guan D，et al. The contribution of Chinese exports to climate change［J］. Energy Policy，2008，36（9）：3572-3577.

[229] Wei C，Löschel A，Liu B. An empirical analysis of the CO_2 shadow price in Chinese thermal power enterprises［J］. Energy Economics，2013，40：22-31.

[230] Wei C，Löschel A，Liu B. Energy-saving and emission-abatement potential of Chinese coal-fired power enterprise：A non-parametric analysis［J］. Energy Economics，2015，49：33-43.

[231] Wei C，Ni J L，Du L M. Regional allocation of carbon dioxide abatement in China［J］. China Economic Review，2012，23（3）：552-565.

[232] Wei D，Rose A. Interregional sharing of energy conservation targets in China：efficiency and equity［J］. Energy Journal，2009，30（4）：81-112.

[233] Wetzelaer B，Van Der Linden N，Groenenberg H，et al. GHG marginal abatement cost curves for the non-Annex I region［R］. Energy Research Centre of the Netherlands，Report No ECN-E-06-060，2007.

[234] Wooldridge J M. Econometric analysis of cross section and panel data［M］. Cambridge：The MIT Press，2002.

[235] WorldBank. Mid-term evaluation of China's 11th five year plan［R］. World Bank，Report No 46355-CN，2009.

[236] Wu L，Kaneko S，Matsuoka S. Driving forces behind the stagnancy of China's energy-related CO_2 emissions from 1996 to 1999：the relative importance of structural change，intensity change and scale change［J］. Energy Policy，2005，33（3）：319-335.

[237] Xie B-C，Fan Y，Qu Q-Q. Does generation form influence environmental efficiency performance? An analysis of China's power system［J］. Applied Energy，2012，96：261-271.

[238] Yuan J H，Hou Y，Xu M. China's 2020 carbon intensity target：

Consistency, implementations, and policy implications [J]. Renewable & Sustainable Energy Reviews, 2012,16(7): 4970-4981.

[239] Zha D, Zhou D, Zhou P. Driving forces of residential CO_2 emissions in urban and rural China: an index decomposition analysis [J]. Energy Policy, 2010,38(7): 3377-3383.

[240] Zhang B, Bi J, Fan Z, et al. Eco-efficiency analysis of industrial system in China: a data envelopment analysis approach [J]. Ecological Economics, 2008,68(1): 306-316.

[241] Zhang M, Mu H, Ning Y. Accounting for energy-related CO_2 emission in China, 1991—2006 [J]. Energy Policy, 2009, 37(3): 767-773.

[242] Zhang M, Mu H, Ning Y, et al. Decomposition of energy-related CO_2 emission over 1991—2006 in China[J]. Ecological Economics, 2009, 68(7): 2122-2128.

[243] Zhang N, Choi Y. Environmental energy efficiency of China's regional economies: A non-oriented slacks-based measure analysis [J]. The Social Science Journal, 2013,50(2): 225-234.

[244] Zhang N, Choi Y. A note on the evolution of directional distance function and its development in energy and environmental studies 1997—2013[J]. Renewable and Sustainable Energy Reviews,2014, 33: 50-59.

[245] Zhang N, Kong F, Choi Y, et al. The effect of size-control policy on unified energy and carbon efficiency for Chinese fossil fuel power plants[J]. Energy Policy,2014, 70: 193-200.

[246] Zhang N, Zhou P, Choi Y. Energy efficiency, CO_2 emission performance and technology gaps in fossil fuel electricity generation in Korea: A meta-frontier non-radial directional distance function analysis[J]. Energy Policy, 2013,56(0): 653-662.

[247] Zhang Z. Decoupling China's carbon emissions increase from economic growth: An economic analysis and policy implications[J]. World Development, 2000,28(4): 739-752.

[248] Zhang Z. Assessing China's carbon intensity pledge for 2020:

stringency and credibility issues and their implications [J]. Environmental Economics and Policy Studies, 2011, 13(3): 219-235.

[249] Zhang Z, Folmer H. Economic modelling approaches to cost estimates for the control of carbon dioxide emissions[J]. Energy Economics, 1998, 20(1): 101-120.

[250] Zhang Z X. Macroeconomic effects of CO_2 emission limits: a computable general equilibrium analysis for China[J]. Journal of Policy Modeling, 1998, 20(2): 213-250.

[251] Zhao X, Ma C, Hong D. Why did China's energy intensity increase during 1998—2006: decomposition and policy analysis[J]. Energy Policy, 2010, 38(3): 1379-1388.

[252] Zheng S Q, Wang R, Glaeser E L, et al. The greenness of China: household carbon dioxide emissions and urban development [J]. Journal of Economic Geography, 2011, 11(5): 761-792.

[253] Zhou P, Ang B W, Han J Y. Total factor carbon emission performance: A Malmquist index analysis[J]. Energy Economics, 2010, 32(1): 194-201.

[254] Zhou P, Ang B W, Poh K L. A survey of data envelopment analysis in energy and environmental studies [J]. European Journal of Operational Research, 2008, 189(1): 1-18.

[255] Zhou P, Ang B W, Wang H. Energy and CO_2 emission performance in electricity generation: A non-radial directional distance function approach[J]. European Journal of Operational Research, 2012, 221 (3): 625-635.

[256] Zhou P, Sun Z R, Zhou D Q. Optimal path for controlling CO_2 emissions in China: A perspective of efficiency analysis[J]. Energy Economics, 2014, 45: 99-110.

[257] Zhou P, Zhang L, Zhou D Q, et al. Modeling economic performance of interprovincial CO_2 emission reduction quota trading in China[J]. Applied Energy, 2013, 112: 1518-1528.

[258] Zhou P, Zhou X, Fan L W. On estimating shadow prices of undesirable outputs with efficiency models: A literature review[J].

Applied Energy,2014，130：799-806.

[259] 安崇义，唐跃军.排放权交易机制下企业碳减排的决策模型研究[J].
经济研究，2012 (8)：45—58.

[260] 包群，彭水军.经济增长与环境污染[J]. 世界经济,2006(11)：
48—58.

[261] 鲍勤，汤铃，杨列勋.美国征收碳关税对中国的影响：基于可计算一
般均衡模型的分析[J]. 管理评论，2010,22(6)：25—33.

[262] 蔡昉，都阳，王美艳.经济发展方式转变与节能减排内在动力[J]. 经
济研究，2008 (6)：4—11.

[263] 曹静.走低碳发展之路：中国碳税政策的设计及 CGE 模型分析[J].
金融研究,2009 (12)：19—29.

[264] 陈华文，刘康兵.经济增长与环境质量：关于环境库兹涅茨曲线的经
验分析[J]. 复旦学报（社会科学版），2004 (2)：87—94.

[265] 陈诗一.中国的绿色工业革命:基于环境全要素生产率视角的解释
(1980—2008)[J]. 经济研究，2010 (11)：21—34.

[266] 陈诗一.节能减排与中国工业的双赢发展：2009—2049[J]. 经济研
究，2010,45(3)：129—143.

[267] 陈诗一.工业二氧化碳的影子价格：参数化和非参数化方法[J]. 世界
经济，2010(8)：93—111.

[268] 陈诗一.边际减排成本与中国环境税改革[J]. 中国社会科学，2011
(3)：85—100.

[269] 陈诗一.中国各地区低碳经济转型进程评估[J]. 经济研究，2012,8：
32—44.

[270] 陈文颖，高鹏飞，何建坤. 用 MARKAL-MACRO 模型研究碳减排对
中国能源系统的影响[J]. 清华大学学报：自然科学版，2004,44(3)：
342—346.

[271] 陈文颖，吴宗鑫.用 MARKAL 模型研究中国未来可持续能源发展战
略[J]. 清华大学学报：自然科学版，2001,41(12)：103—106.

[272] 戴悦，丁怡清.碳税在中国发展之探讨[J]. 经济研究导刊,2015 (6)：
87—88.

[273] 杜少甫，董骏峰，梁樑，等.考虑排放许可与交易的生产优化[J]. 中
国管理科学，2009,17(3)：81—86.

[274] 樊纲，苏铭，曹静.最终消费与碳减排责任的经济学分析[J].经济研究，2010(1)：4—14.

[275] 范英，张晓兵，朱磊.基于多目标规划的中国二氧化碳减排的宏观经济成本估计[J].气候变化研究进展，2010,6(2)：130—135.

[276] 冯相昭，邹骥.中国 CO_2 排放趋势的经济分析[J].中国人口·资源与环境，2008,18(3)：43—47.

[277] 高鹏飞，陈文颖，何建坤.中国的二氧化碳边际减排成本[J].清华大学学报：自然科学版，2004,44(9)：1192—1195.

[278] 郭庆旺，贾俊雪.中国全要素生产率的估算：1979—2004[J].经济研究，2005,6(5)：1—60.

[279] 国家发展改革委应对气候变化司.2005 中国温室气体清单研究[M].北京：中国环境出版社，2014.

[280] 国家发展和改革委员会能源研究所课题组.中国 2050 年低碳发展之路：能源需求暨碳排放情景分析[M].北京：科学出版社，2009.

[281] 国务院发展研究中心课题组.全球温室气体减排：理论框架和解决方案[J].经济研究，2009 (3)：3—13.

[282] 何建武，李善同.二氧化碳减排与区域经济发展[J].管理评论，2010，22(6)：9—16.

[283] 何晓萍，刘希颖，林艳苹.中国城市化进程中的电力需求预测[J].经济研究，2009,1(44)：118—130.

[284] 贺菊煌，沈可挺.碳税与二氧化碳减排的 CGE 模型[J].数量经济技术经济研究，2002 (10)：39—47.

[285] 胡鞍钢，郑京海，高宇宁，等.考虑环境因素的省级技术效率排名(1999—2005)[J].经济学(季刊)，2008,7(3)：933—960.

[286] 胡初枝，黄贤金，钟太洋，等.中国碳排放特征及其动态演进分析[J].中国人口资源与环境，2008,18(3)：38—42.

[287] 景维民，张璐.环境管制，对外开放与中国工业的绿色技术进步[J].经济研究，2014,49(9)：34—47.

[288] 匡远凤，彭代彦.中国环境生产效率与环境全要素生产率分析[J].经济研究，2012 (7)：62—74.

[289] 李国志，李宗植.中国二氧化碳排放的区域差异和影响因素研究[J].中国人口资源与环境，2010,20(5)：22—27.

[290] 李锴，齐绍洲.贸易开放、经济增长与中国二氧化碳排放[J].经济研究，2011(11)：60—72.

[291] 李陶，陈林菊，范英.基于非线性规划的中国省区碳强度减排配额研究[J].管理评论，2010,22(6)：54—60.

[292] 李小平，卢现祥.国际贸易、污染产业转移和中国工业 CO_2 排放[J].经济研究，2010(1)：15—26.

[293] 林伯强.结构变化、效率改进与能源需求预测——以中国电力行业为例[J].经济研究，2003(5)：57—65.

[294] 林伯强，蒋竺均.中国二氧化碳的环境库兹涅茨曲线预测及影响因素分析[J].管理世界，2009(4)：27—36.

[295] 林伯强，李爱军.碳关税对发展中国家的影响[J].金融研究，2010(12)：1—15.

[296] 林伯强，李爱军.碳关税的合理性何在？[J].经济研究，2012(11)：118—127.

[297] 林伯强，刘希颖.中国城市化阶段的碳排放：影响因素和减排策略[J].经济研究，2010,8(1)：22.

[298] 林伯强，孙传旺.如何在保障中国经济增长前提下完成碳减排目标[J].中国社会科学，2011(1)：64—76.

[299] 刘强，庄幸，姜克隽，等.中国出口贸易中的载能量及碳排放量分析[J].中国工业经济，2008(8)：46—55.

[300] 刘笑萍，张永正，长青.基于EKC模型的中国实现减排目标分析与减排对策[J].管理世界，2009(4)：75—82.

[301] 刘宇，陈诗一，蔡松锋.2050年全球八大经济体BAU情境下的二氧化碳排放——基于全球动态能源和环境GTAP-Dyn-E模型[J].世界经济文汇，2013(6)：28—38.

[302] 娄峰.碳税征收对中国宏观经济及碳减排影响的模拟研究[J].数量经济技术经济研究，2014,31(10)：84—96.

[303] 潘家华.人文发展分析的概念构架与经验数据——以对碳排放空间的需求为例[J].中国社会科学，2002(6)：15—25.

[304] 潘家华，陈迎.碳预算方案：一个公平、可持续的国际气候制度框架[J].中国社会科学，2009(5)：83—98.

[305] 潘家华，郑艳.基于人际公平的碳排放概念及其理论含义[J].世界经

济与政治，2009（10）：6—16.

[306] 彭昱.经济增长，电力业发展与环境污染治理[J].经济社会体制比较，2012（5）：183—192.

[307] 齐晔，李惠民，徐明.中国进出口贸易中的隐含碳估算[J].中国人口.资源与环境，2008,18（3）：8—13.

[308] 曲如晓，吴洁.论碳关税的福利效应[J].中国人口资源与环境，2011，21（4）：37—42.

[309] 沈可挺.碳关税争端及其对中国制造业的影响[J].中国工业经济，2010（1）：65—74.

[310] 沈可挺，李钢.碳关税对中国工业品出口的影响——基于可计算一般均衡模型的评估[J].财贸经济，2010（1）：75—82.

[311] 石敏俊，袁永娜，周晟吕，等.碳减排政策：碳税、碳交易还是两者兼之？[J].管理科学学报，2013,16（9）：9—19.

[312] 宋德勇，卢忠宝.中国碳排放影响因素分解及其周期性波动研究[J].中国人口资源与环境，2009,19（3）：18—24.

[313] 宋马林，王舒鸿.环境库兹涅茨曲线的中国"拐点"：基于分省数据的实证分析[J].管理世界，2011（10）：168—169.

[314] 苏明，傅志华，许文，等.中国开征碳税的效果预测和影响评价[J].经济研究参考，2009（72）：24—28.

[315] 孙传旺，刘希颖，林静.碳强度约束下中国全要素生产率测算与收敛性研究[J].金融研究，2010（6）：17—33.

[316] 涂正革.工业二氧化硫排放的影子价格：一个新的分析框架[J].经济学（季刊），2010,9（1）：259—582.

[317] 涂正革.中国的碳减排路径与战略选择[J].中国社会科学，2012（3）：78—94.

[318] 涂正革，肖耿.环境约束下的中国工业增长模式研究[J].世界经济，2009（11）：41—54.

[319] 王兵，吴延瑞，颜鹏飞.环境管制与全要素生产率增长：APEC的实证研究[J].经济研究，2008（5）：19—32.

[320] 王兵，吴延瑞，颜鹏飞.中国区域环境效率与环境全要素生产率增长[J].经济研究，2010（5）：95—109.

[321] 王灿，陈吉宁，邹骥.基于CGE模型的CO_2减排对中国经济的影响

[J]. 清华大学学报：自然科学版,2006,45(12)：1621—1624.

[322] 王灿,邹骥.气候政策研究中的数学模型评述[J]. 上海环境科学, 2002,21(7)：435—439.

[323] 王锋,冯根福.优化能源结构对实现中国碳强度目标的贡献潜力评估 [J]. 中国工业经济,2011 (4)：127—137.

[324] 王锋,冯根福.中国碳强度对行业发展,能源效率及中间投入系数的 弹性研究[J]. 数量经济技术经济研究,2012 (5)：50—62.

[325] 王锋,冯根福,吴丽华.中国经济增长中碳强度下降的省区贡献分解 [J]. 经济研究,2013 (8)：143—155.

[326] 王锋,吴丽华,杨超. 中国经济发展中碳排放增长的驱动因素研究 [J]. 经济研究,2010(2)：123—136.

[327] 王敏,黄滢.中国的环境污染与经济增长[J]. 经济学(季刊),2015,14 (2)：557—578.

[328] 王明喜,王明荣,汪寿阳,等.最优减排策略及其实施的理论分析 [J]. 管理评论,2010,22(6)：42—47.

[329] 王群伟,周鹏,周德群.中国二氧化碳排放绩效的动态变化、区域差异 及影响因素[J]. 中国工业经济,2010 (1)：45—54.

[330] 隗斌贤,揭筱纹. 基于国际碳交易经验的长三角区域碳交易市场构建 思路与对策[J]. 管理世界,2012(2)：175—176.

[331] 魏楚.中国城市 CO_2 边际减排成本及其影响因素[J]. 世界经济, 2014(7)：115—141.

[332] 魏楚,黄文若,沈满洪.环境敏感性生产率研究综述[J]. 世界经济, 2011 (5)：136—160.

[333] 魏巍贤,杨芳.技术进步对中国二氧化碳排放的影响[J]. 统计研究, 2010,27(7)：36—44.

[334] 魏一鸣,吴刚,刘兰翠,等.能源—经济—环境复杂系统建模与应用 进展[J]. 管理学报,2005,2(2)：159—171.

[335] 吴力波,钱浩祺,汤维祺.基于动态边际减排成本模拟的碳排放权交 易与碳税选择机制[J]. 经济研究,2014,49(9)：48—61.

[336] 吴英姿,闻岳春.中国工业绿色生产率、减排绩效与减排成本[J]. 科 研管理,2013(2)：105—111,151.

[337] 徐国泉,刘则渊,姜照华.中国碳排放的因素分解模型及实证分析：

1995—2004[J]. 中国人口资源与环境，2006,16(6)：158—161.

[338] 许广月.碳排放收敛性：理论假说和中国的经验研究[J]. 数量经济技术经济研究，2010（9）：31—42.

[339] 许广月，宋德勇.中国碳排放环境库兹涅茨曲线的实证研究[J]. 中国工业经济，2010(5)：37—47.

[340] 杨志，陈波.中国建立区域碳交易市场势在必行[J]. 学术月刊,2010(7)：65—69.

[341] 姚昕，刘希颖.基于增长视角的中国最优碳税研究[J]. 经济研究，2010（11）：48—58.

[342] 姚云飞.中国减排成本及减排政策模拟：CEEPA 模型的拓展研究[D]. 博士学位论文,合肥：中国科学技术大学,2012.

[343] 尹显萍，程茗.中美商品贸易中的内涵碳分析及其政策含义[J]. 中国工业经济，2010(8)：45—55.

[344] 俞海山，郑凌燕.碳关税的合规性及合理性分析[J]. 财贸经济，2012(12)：97—101.

[345] 岳超，胡雪洋，贺灿飞，等.1995—2007 年中国省区碳排放及碳强度的分析——碳排放与社会发展Ⅲ[J]. 北京大学学报：自然科学版，2010（4）：510—516.

[346] 张红凤，周峰，杨慧，等.环境保护与经济发展双赢的规制绩效实证分析[J]. 经济研究，2009（3）：14—26.

[347] 张建民，殷继焕.LEAP 模型系统分析[J]. 中国能源,1999(6)：31—35.

[348] 张军，吴桂英，张吉鹏.中国省际物质资本存量估算：1952—2000[J]. 经济研究，2004（10）：35—44.

[349] 张伟，朱启贵，李汉文.能源使用，碳排放与中国全要素碳减排效率[J]. 经济研究，2013(10)：138—150.

[350] 张炎治，聂锐.能源强度的指数分解分析研究综述[J]. 管理学报，2008,5(5)：647—650.

[351] 张友国.碳强度与总量约束的绩效比较：基于 CGE 模型的分析[J]. 世界经济,2013（7）：138—160.

[352] 张友国，郑玉歆.碳强度约束的宏观效应和结构效应[J]. 中国工业经济，2014（6）：57—69.

[353] 周鹏，周迅，周德群.二氧化碳减排成本研究述评[J].管理评论，2014,26(11)：20—27.

[354] 周子学.2009.金融危机下的中国工业发展[EB/OL].[2015-04-01] http://www.docin.com/p-394924661.html.

[355] 朱启荣.中国出口贸易中的 CO_2 排放问题研究[J].中国工业经济，2010(1)：55—64.

[356] 朱永彬，刘晓，王铮.碳税政策的减排效果及其对中国经济的影响分析[J].中国软科学，2010 (4)：1—9.

[357] 朱永彬，王铮.碳关税对中国经济影响评价[J].中国软科学，2011 (12)：36—42.

索　引

后　记

　　2008 年从浙江大学经济学院博士毕业以后,在史晋川教授的鼓励下,我到厦门大学中国能源经济研究中心跟随林伯强教授进行了两年的博士后研究,期间开始关注中国的温室气体减排问题。考虑到中国地区经济发展的不平衡性,我选择了从省际差异的视角着手进行研究。由于当时大多数研究都是基于国家层面的宏观数据展开的,并没有现成的分省二氧化碳排放数据可用,因此,研究的第一步就是整理各省的能源平衡表,并根据 IPCC 提供的温室气体排放清单估算各省的二氧化碳排放量。这是一个需要耐心且相当耗费时间的工作,但在整理的过程中也大大加深了我对相关问题的理解。期间与中国人民大学魏楚副教授、厦门大学蔡圣华副教授等的探讨使我获益良多。

　　从 2010 年开始,我正式到浙江大学中国西部发展研究院工作,继续从事中国省际二氧化碳减排问题的研究。期间,参与了西部院承担的呼包银榆重点经济区发展规划、西部大开发“十二五”发展规划、沿边地区开发开放规划等一系列重大项目研究,得以对广大西部地区进行了较为深入的实地考察和调研,进一步加深了我对中国地区差异的理解。2013年,我到德国基尔世界经济研究所进行为期一年的访问学习,从而有更多时间和精力对中国温室气体减排问题进行集中研究,期间与基尔世经所的 Aoife Hanley 教授、Katrin Rehdanz 教授、Robert Gold 博士等德国同事进行了广泛的探讨,并陆续发表了一系列相关学术论文。本书正是基于这些学术论文修改和扩展而成的,也可以算是对这一研究专题的一个阶段性总结。

学术研究是一件辛苦的事情，每一点微小的成果都凝结了广大师长、朋友、同事、家人的关心、帮助和理解。在此，我要感谢我的博士导师史晋川教授和博士后导师林伯强教授，感谢他们一直以来对我在学业方面的指导，也感谢他们在工作、生活方面对我的关心和照顾。同时，我要感谢我的家人对我的理解和支持，使我能够安心从事学术研究。此外，也要感谢西部院周谷平院长、董雪兵常务副院长、陈健副院长等院领导给我创造的良好、宽松的学术环境，使我能够静心修改书稿。我的同事钱涛副教授、赖普清副教授等给了我很大的鼓励和帮助，和他们一起工作是一件愉快的事情。浙大出版社樊晓燕编审为本书出版付出了辛勤劳动，在此一并感谢。

　　由于时间仓促及水平所限，书中难免会有错漏和不当之处，敬请各位专家同仁批评指正。

于浙江大学紫金港校区

2015 年 7 月